Uma encrenca na evolução

Investigação sobre Deus
Os indícios pensáveis
Texto e Desenhos de BRUNOR
Uma encrenca na Evoluçã

Tradução:
Marianne Péres de Sá Peixoto
Paulo Eduardo Péres de Sá Peixoto Júnior

É OSSO...

Edições Loyola

Título original:
Un os dans évolution
© 2022 Brunor Éditions
2 bis, rue Scheffer, 75116, Paris, França
ISBN 978-29-54-9717-73

Published by arrangement with Brunor Éditions.
Publicado em acordo com Brunor Éditions.

Dados Internacionais de Catalogação na Publicação (CIP)
(Câmara Brasileira do Livro, SP, Brasil)

Rabourdin, Bruno
    Uma encrenca na evolução / Bruno Rabourdin ; tradução Marianne Péres de Sá Peixoto, Paulo Eduardo Péres de Sá Peixoto Júnior. -- São Paulo : Edições Loyola, 2024. -- (Fundamentos filosóficos)

    Título original: Un os dans évolution: vol. 2.
    ISBN 978-65-5504-282-5

    1. Cosmologia 2. Epistemologia 3. Filosofia 4. Teoria do conhecimento I. Título. II. Série.

24-195732   CDD-100

Índices para catálogo sistemático:
1. Filosofia   100

Eliane de Freitas Leite - Bibliotecária - CRB 8/8415

Capa e diagramação: Desígnios Editoriais
Composição da capa e do miolo feita a partir do projeto gráfico da edição original francesa.
Revisão: Maria Teresa Sampaio

Edições Loyola Jesuítas
Rua 1822 n° 341 – Ipiranga
04216-000 São Paulo, SP
T 55 11 3385 8500/8501, 2063 4275
editorial@loyola.com.br
vendas@loyola.com.br
www.loyola.com.br

Todos os direitos reservados. Nenhuma parte desta obra pode ser reproduzida ou transmitida por qualquer forma e/ou quaisquer meios (eletrônico ou mecânico, incluindo fotocópia e gravação) ou arquivada em qualquer sistema ou banco de dados sem permissão escrita da Editora.

ISBN 978-65-5504-282-5

© EDIÇÕES LOYOLA, São Paulo, Brasil, 2024

103479

NO INÍCIO DESSA HISTÓRIA, HÁ UM OSSO.

- N. DOS T.: EM FRANCÊS, A EXPRESSÃO "TEM UM OSSO!" ("IL Y A UN OS!") SIGNIFICA "EXISTE UM PROBLEMA". EM VÁRIAS PASSAGENS DESSE QUADRINHO, O AUTOR USA ESSA EXPRESSÃO PARA FAZER UM JOGO DE PALAVRAS, RELEVADO COM DESENHOS, QUE NÃO TEM EQUIVALENTE EXATO EM PORTUGUÊS, A NÃO SER NA EXPRESSÃO "É OSSO DURO DE ROER" E SEUS DERIVADOS.

MAS NÃO QUALQUER OSSO.

UM OSSO GIGANTE...

OLHA, QUERIDA!

ACONTECEU EM 1787, NAS AMÉRICAS, MAIS PRECISAMENTE EM NOVA JERSEY, UM DOS TREZE ESTADOS QUE TINHAM ACABADO DE ASSINAR A CONSTITUIÇÃO DOS ESTADOS UNIDOS...

* ERA MESMO UM FÊMUR DE DINOSSAURO, MAS A PALAVRA "DINOSSAURO" AINDA NÃO TINHA SIDO INVENTADA!

*PRESIDENTE DO DEPARTAMENTO DE ANATOMIA DA UNIVERSIDADE DE PENSILVÂNIA.

WISTAR CONSIDEROU QUE ESSA DESCOBERTA MERECIA SER DIVULGADA AO MUNDO CIENTÍFICO...

VAMOS LÁ!

ENTÃO ELE FEZ UMA APRESENTAÇÃO PARA A SOCIEDADE AMERICANA DE FILOSOFIA. (NAQUELA ÉPOCA, TODO CONHECIMENTO ESTAVA CONCENTRADO NAS COMUNIDADES DE FILOSOFIA.)

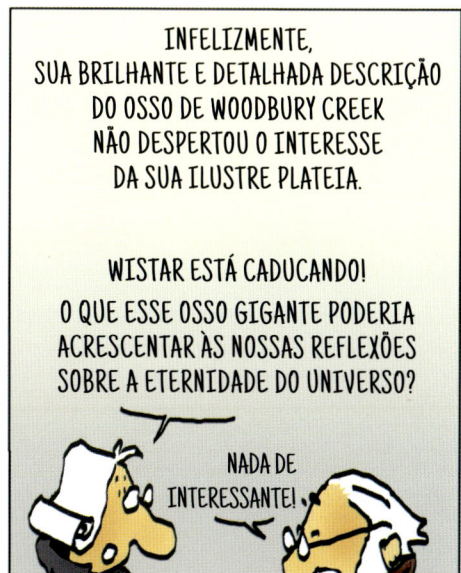

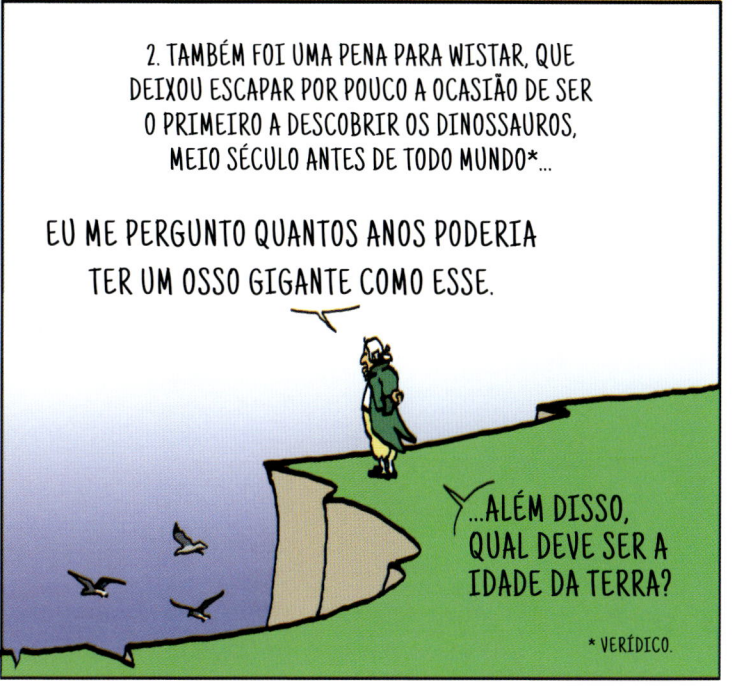

INFELIZMENTE, SUA BRILHANTE E DETALHADA DESCRIÇÃO DO OSSO DE WOODBURY CREEK NÃO DESPERTOU O INTERESSE DA SUA ILUSTRE PLATEIA.

WISTAR ESTÁ CADUCANDO! O QUE ESSE OSSO GIGANTE PODERIA ACRESCENTAR ÀS NOSSAS REFLEXÕES SOBRE A ETERNIDADE DO UNIVERSO?

NADA DE INTERESSANTE!

DESAPONTADO, WISTAR SE PERGUNTOU SE TUDO ISSO NÃO ERA UMA GIGANTESCA PIADA...

O OSSO FOI TÃO BEM ARQUIVADO QUE NINGUÉM MAIS SABE PARA ONDE ELE FOI.

E FOI ASSIM QUE O PRIMEIRO OSSO DE DINOSSAURO ENCONTRADO TAMBÉM FOI O PRIMEIRO PERDIDO.

UMA PENA!

FOI UMA PENA SIM, POR VÁRIAS RAZÕES:

1. NAQUELE DIA, A FILOSOFIA PERDEU UMA BELA OCASIÃO DE DIALOGAR COM A CIÊNCIA E A EXPERIÊNCIA*.

2. TAMBÉM FOI UMA PENA PARA WISTAR, QUE DEIXOU ESCAPAR POR POUCO A OCASIÃO DE SER O PRIMEIRO A DESCOBRIR OS DINOSSAUROS, MEIO SÉCULO ANTES DE TODO MUNDO*...

EU ME PERGUNTO QUANTOS ANOS PODERIA TER UM OSSO GIGANTE COMO ESSE.

...ALÉM DISSO, QUAL DEVE SER A IDADE DA TERRA?

* VERÍDICO.

3. FOI UMA PENA MESMO, PORQUE ALGUÉM TERIA COM CERTEZA FICADO APAIXONADO POR ESSA DESCOBERTA...

...UM GRANDE CIENTISTA FRANCÊS QUE ESTUDAVA ESSAS QUESTÕES NA FRONTEIRA ENTRE A CIÊNCIA E A FILOSOFIA: BUFFON.

EM 1787, GEORGES-LOUIS LECLERC, *Conde de Buffon*, CHEGAVA AO FINAL DE UMA VIDA BEM VIVIDA.

80 ANOS!

DEPOIS DE TER SIDO MATEMÁTICO, BOTÂNICO, ANATOMISTA, NATURALISTA, BIÓLOGO, INDUSTRIAL, COSMÓLOGO E ESCRITOR, BUFFON SE INTERESSAVA PARTICULARMENTE EM CALCULAR...

...A IDADE DO PLANETA TERRA!

350.000 ANOS!

PORQUE ACHO QUE A TERRA É UMA PARTE DO SOL QUE FOI ARRANCADA POR UM METEOROIDE...

...E FORAM PRECISOS 350.000 ANOS PARA RESFRIÁ-LA*.

* VERÍDICO.

ESSA PERGUNTA IMPORTANTE ESTAVA JUSTAMENTE NA INTERSECÇÃO DA CIÊNCIA, DA FILOSOFIA E DAS RELIGIÕES...

SÓ QUE 350.000 ANOS TALVEZ PAREÇA UM POUCO EXCESSIVO...

SERÁ QUE A PESSOAS EST PRONTAS PA OUVIR ISSO

MEU BOM JOSEPH, O QUE VOCÊ DIRIA SE ALGUÉM LHE AFIRMASSE QUE A TERRA TEM 350.000 ANOS DE IDADE?
?!
!?!
HA HA HA! HO HO HO!
HA HA
EU DIRIA: "MAS SENHOR... O SENHOR NÃO ESTARIA SOFRENDO DE ALGUM TIPO DE LOUCURA?"
AH?
O SENHOR NÃO SABE QUE OS ECLESIÁSTICOS – OUVI FALAR QUE SÃO SÁBIOS – CALCULARAM A IDADE DA TERRA BEM ANTES DO SENHOR?
E COSTUMAM ENSINAR QUE A TERRA NÃO TEM MAIS DE **CINCO OU SEIS MIL ANOS**...
5 OU 6 MIL! HUM!
O QUE JÁ É MUITO!
VOCÊ TEM CERTEZA?
MINHA NOSSA, SIM.
A CIÊNCIA PODE ESTAR EM CONTRADIÇÃO COM A FÉ?
COM A FÉ? NÃO SEI...
...COM OS COSTUMES, CERTAMENTE!
É CLARO...
PORQUE AS NOVIDADES SEMPRE PERTURBAM OS VELHOS HÁBITOS.
NOS MEUS CADERNOS, ESCREVO QUE A TERRA TEM 350.000 ANOS. MAS NOS MEUS LIVROS SERIA SEM DÚVIDA MAIS PRUDENTE ESCREVER... HUM... 200.000?... 100.000?
VAMOS LÁ, DIGAMOS: 74.000 ANOS*.
* VERÍDICO.

BUFFON ACREDITAVA EM DEUS, E PARA MOSTRAR QUE ELE NÃO VIA CONTRADIÇÃO ENTRE OS SEUS CÁLCULOS E A BÍBLIA, MANDOU COLOCAR UMA GRANDE FIGURA DA CRIAÇÃO DO MUNDO NO INÍCIO DO SEU LIVRO*.

* VERÍDICO.

NA BÍBLIA NÃO ESTÁ ESCRITO EM NENHUM LUGAR QUE A TERRA SÓ TEM CINCO OU SEIS MIL ANOS*.

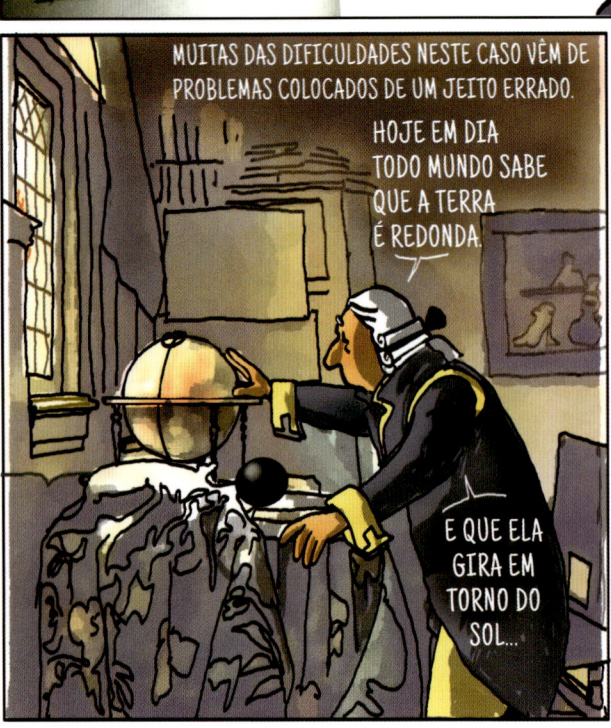

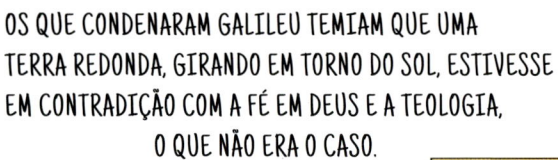

DEVEM TER FEITO OS CÁLCULOS A PARTIR DE GENEALOGIAS...

SUPONHO QUE ELES SIMPLESMENTE PENSARAM O PROBLEMA DE UM JEITO ERRADO...

MUITAS DAS DIFICULDADES NESTE CASO VÊM DE PROBLEMAS COLOCADOS DE UM JEITO ERRADO.

HOJE EM DIA TODO MUNDO SABE QUE A TERRA É REDONDA.

E QUE ELA GIRA EM TORNO DO SOL...

ENTÃO POR QUE GALILEU TEVE TANTOS ABORRECIMENTOS QUANDO ELE PROCLAMOU ESSA VERDADE, HÁ 150 ANOS?

SUA DESCOBERTA NÃO REVOLUCIONAVA A FÉ NEM A TEOLOGIA, MAS PERTURBAVA UMA CERTA **REPRESENTAÇÃO**.

COMO DIZIA O BOM JOSEPH: E PERTURBAVA...

OS COSTUMES

OS QUE CONDENARAM GALILEU TEMIAM QUE UMA TERRA REDONDA, GIRANDO EM TORNO DO SOL, ESTIVESSE EM CONTRADIÇÃO COM A FÉ EM DEUS E A TEOLOGIA, O QUE NÃO ERA O CASO.

O PROBLEMA FOI POSTO DE UM JEITO ERRADO PORQUE, NA REALIDADE, ERA UM **FALSO PROBLEMA!**

Galileu Galilei
1564-1642

UM FALSO PROBLEMA?!?

É ASSIM QUE VOCÊ VÊ AS COISAS, EDGAR? VOCÊ ACHA QUE ESSE CASO GALILEU ERA... UM FALSO PROBLEMA?!

É EVIDENTE, TOM!...

...E O CASO DARWIN TAMBÉM!

VOCÊ VAI ENTENDER

OS TEÓLOGOS DESSA ÉPOCA ACHARAM QUE GALILEU SE OPUNHA À BÍBLIA, POR ISSO COMBATERAM A SUA TESE...

NA VERDADE, AS DESCOBERTAS DE COPÉRNICO E GALILEU NÃO SE OPUNHAM NEM UM POUCO À BÍBLIA,

MAS A CERTAS INTERPRETAÇÕES DA BÍBLIA.

PORÉM ESSAS INTERPRETAÇÕES DOS TEÓLOGOS ERAM FALSAS.

SIM, MAS ISSO É VOCÊ QUE ESTÁ DIZENDO!

NÃO SOU EU, QUEM DIZ É O PAPA!

O PAPA?!?

POIS É, VEJA O QUE DECLAROU O PAPA JOÃO PAULO II SOBRE O CASO GALILEU:

"A ciência nova, com os seus métodos, obrigava os teólogos a interrogarem-se sobre os seus próprios critérios de interpretação da Escritura.

A maioria não o soube fazer...

...Galileu, fiel sincero, mostrou-se sobre este ponto mais perspicaz do que os adversários teólogos.

Ele escreveu, 'Se a escritura não pode errar, alguns dos seus intérpretes e comentaristas podem, e de muitas maneiras.'"*

UM PAPA QUE RECONHECE A CEGUEIRA DOS TEÓLOGOS!!

ERA PRECISO MESMO ADMITIR QUE ESTA INTERPRETAÇÃO ERRÔNEA DA BÍBLIA ESTAVA NA ORIGEM DO PROBLEMA.

E VOCÊ DIZ QUE ESSE É O MESMO PROBLEMA MAL COLOCADO QUANTO A DARWIN E À EVOLUÇÃO?

SIM, PORQUE DE NOVO É UMA QUESTÃO DE INTERPRETAÇÃO, COMO VEREMOS.

*JOÃO PAULO II: DISCURSO NA PONTIFÍCIA ACADEMIA DAS CIÊNCIAS, 31 DE OUTUBRO DE 1992.

MAS NÃO VAMOS PULAR ETAPAS, VAMOS VOLTAR AO NOSSO AMIGO BUFFON...

* CADA VEZ QUE HÁ UM *, É VERÍDICO. ALIÁS, TODAS AS INFORMAÇÕES DESSE LIVRO SÃO AUTÊNTICAS E VERIFICÁVEIS.

CAPÍTULO 2

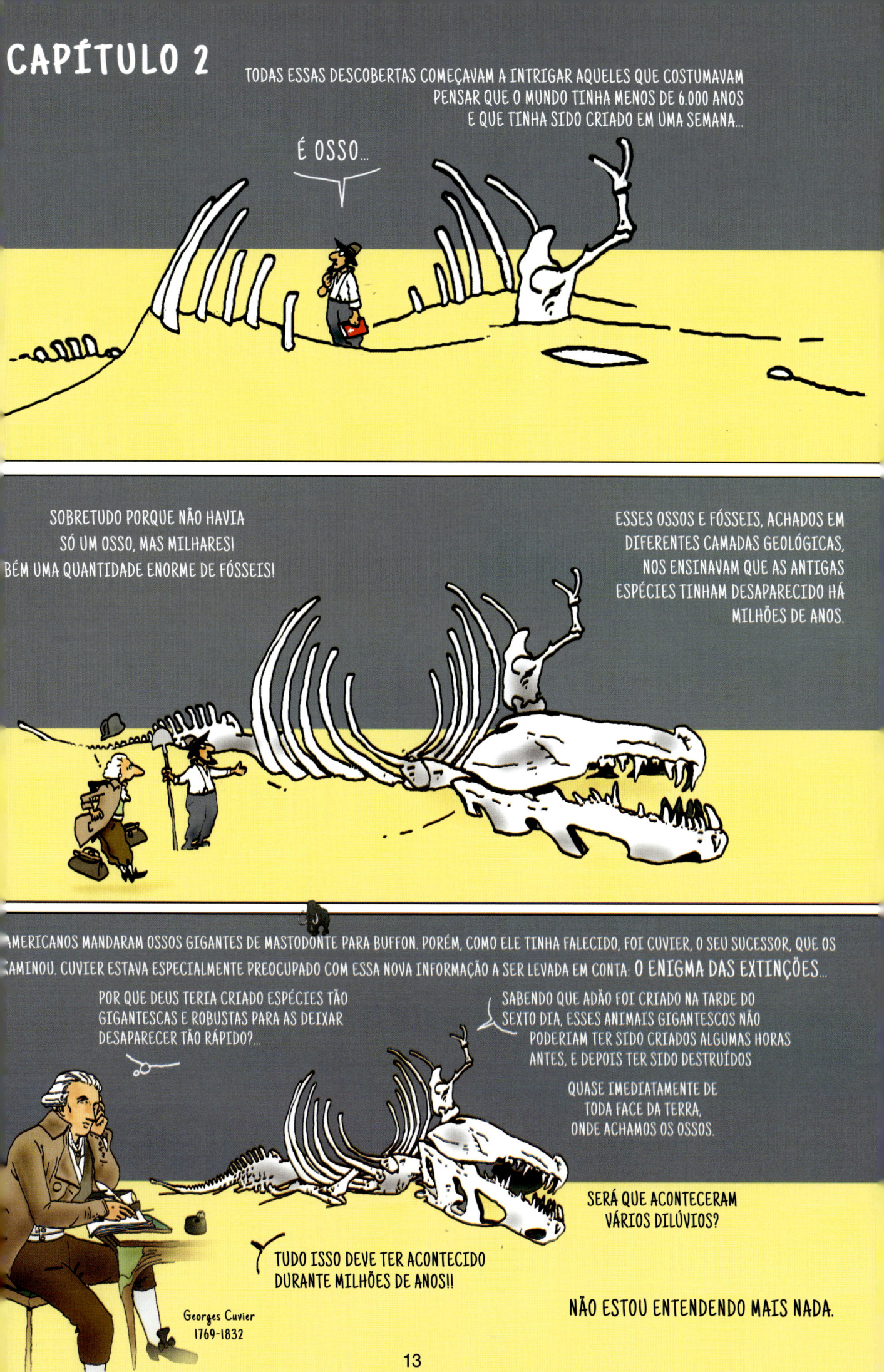

TODAS ESSAS DESCOBERTAS COMEÇAVAM A INTRIGAR AQUELES QUE COSTUMAVAM PENSAR QUE O MUNDO TINHA MENOS DE 6.000 ANOS E QUE TINHA SIDO CRIADO EM UMA SEMANA...

É OSSO...

SOBRETUDO PORQUE NÃO HAVIA SÓ UM OSSO, MAS MILHARES! BEM UMA QUANTIDADE ENORME DE FÓSSEIS!

ESSES OSSOS E FÓSSEIS, ACHADOS EM DIFERENTES CAMADAS GEOLÓGICAS, NOS ENSINAVAM QUE AS ANTIGAS ESPÉCIES TINHAM DESAPARECIDO HÁ MILHÕES DE ANOS.

AMERICANOS MANDARAM OSSOS GIGANTES DE MASTODONTE PARA BUFFON. PORÉM, COMO ELE TINHA FALECIDO, FOI CUVIER, O SEU SUCESSOR, QUE OS AMINOU. CUVIER ESTAVA ESPECIALMENTE PREOCUPADO COM ESSA NOVA INFORMAÇÃO A SER LEVADA EM CONTA: O ENIGMA DAS EXTINÇÕES...

POR QUE DEUS TERIA CRIADO ESPÉCIES TÃO GIGANTESCAS E ROBUSTAS PARA AS DEIXAR DESAPARECER TÃO RÁPIDO?...

SABENDO QUE ADÃO FOI CRIADO NA TARDE DO SEXTO DIA, ESSES ANIMAIS GIGANTESCOS NÃO PODERIAM TER SIDO CRIADOS ALGUMAS HORAS ANTES, E DEPOIS TER SIDO DESTRUÍDOS QUASE IMEDIATAMENTE DE TODA FACE DA TERRA, ONDE ACHAMOS OS OSSOS.

SERÁ QUE ACONTECERAM VÁRIOS DILÚVIOS?

TUDO ISSO DEVE TER ACONTECIDO DURANTE MILHÕES DE ANOS!!

NÃO ESTOU ENTENDENDO MAIS NADA.

Georges Cuvier
1769-1832

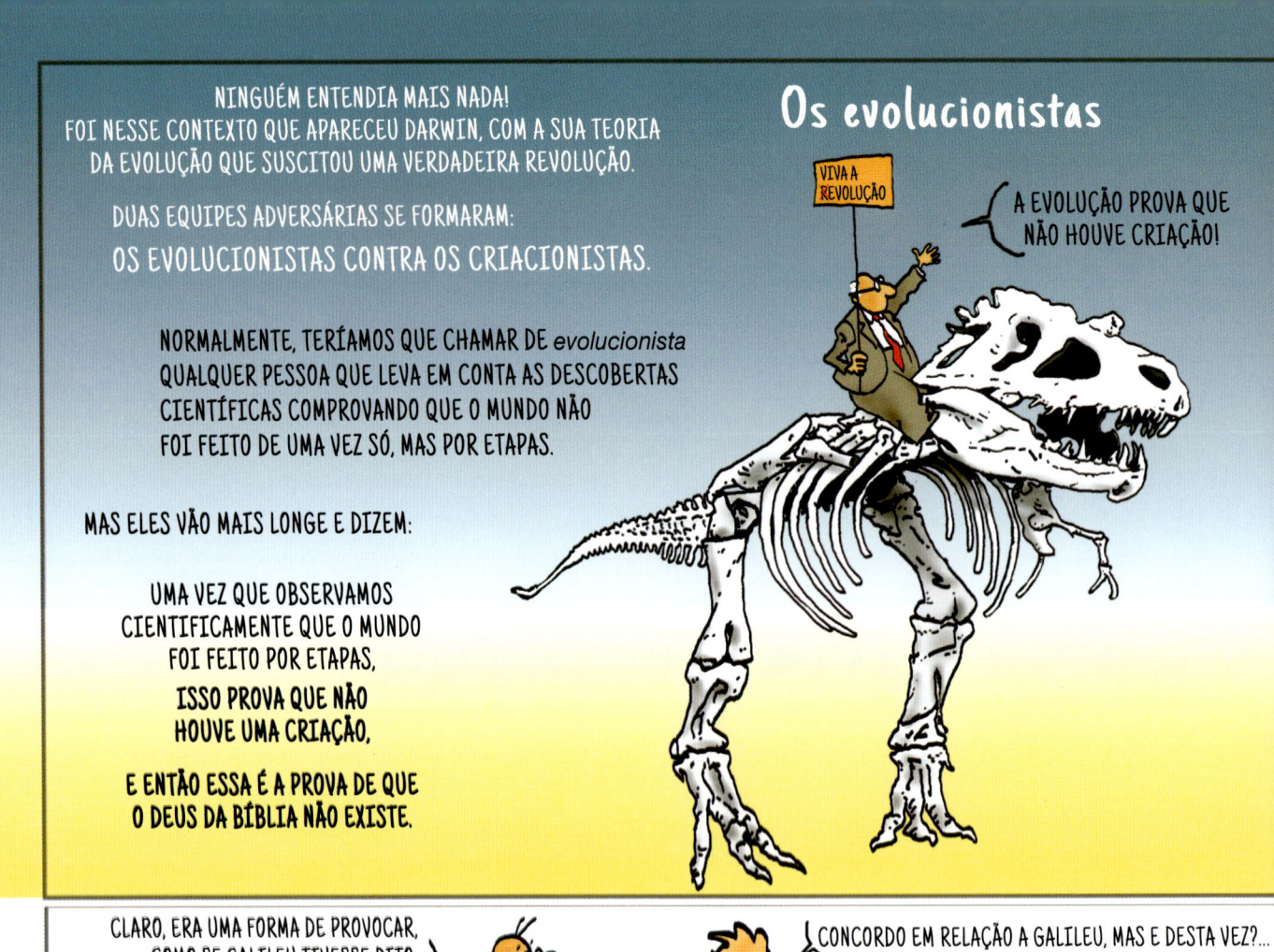

NINGUÉM ENTENDIA MAIS NADA!
FOI NESSE CONTEXTO QUE APARECEU DARWIN, COM A SUA TEORIA DA EVOLUÇÃO QUE SUSCITOU UMA VERDADEIRA REVOLUÇÃO.

DUAS EQUIPES ADVERSÁRIAS SE FORMARAM:
OS EVOLUCIONISTAS CONTRA OS CRIACIONISTAS.

Os evolucionistas

VIVA A REVOLUÇÃO

A EVOLUÇÃO PROVA QUE NÃO HOUVE CRIAÇÃO!

NORMALMENTE, TERÍAMOS QUE CHAMAR DE *evolucionista* QUALQUER PESSOA QUE LEVA EM CONTA AS DESCOBERTAS CIENTÍFICAS COMPROVANDO QUE O MUNDO NÃO FOI FEITO DE UMA VEZ SÓ, MAS POR ETAPAS.

MAS ELES VÃO MAIS LONGE E DIZEM:

UMA VEZ QUE OBSERVAMOS CIENTIFICAMENTE QUE O MUNDO FOI FEITO POR ETAPAS,
ISSO PROVA QUE NÃO HOUVE UMA CRIAÇÃO,
E ENTÃO ESSA É A PROVA DE QUE O DEUS DA BÍBLIA NÃO EXISTE.

CLARO, ERA UMA FORMA DE PROVOCAR, COMO SE GALILEU TIVESSE DITO:
O FATO QUE A TERRA SEJA REDONDA PROVA QUE DEUS NÃO EXISTE.
GALILEU NÃO DISSE ISSO, PORQUE NÃO FARIA SENTIDO NENHUM!

CONCORDO EM RELAÇÃO A GALILEU, MAS E DESTA VEZ?...

E SE OS EVOLUCIONISTAS TIVESSEM RAZÃO? TEMOS QUE ESTUDAR ISSO COM MAIS ATENÇÃO PARA QUE A INVESTIGAÇÃO SEJA FIÁVEL!

SABE, EDGAR, FAÇO ESSA PESQUISA PARA VER SE PODEMOS ACHAR NOVOS INDÍCIOS DA EXISTÊNCIA DE DEUS, GRAÇAS AO NOSSO PROGRESSO NO CONHECIMENTO DO UNIVERSO...

ATÉ AGORA ACHEI VÁRIOS*.

MAS NESSE CASO DA EVOLUÇÃO, SERÁ QUE O DEUS DA BÍBLIA NÃO SE TORNA UM MITO COMO OS OUTROS?!?...

...PRECISAMOS CONTINUAR A INVESTIGAÇÃO, PORQUE O QUE CONTA NÃO SÃO AS CRENÇAS NEM AS OPINIÕES, MAS VERIFICAR O QUE É COERENTE COM A REALIDADE.

*VER *O MISTÉRIO DO SOL FRIO*.

É CLARO, ESSA REVOLUÇÃO PROVOCOU UMA REAÇÃO...

Os criacionistas

COMO TODAS ESSAS NOVIDADES **PARECIAM** CONTRADIZER OS TEXTOS DA BÍBLIA E QUE OS PARTIDÁRIOS DE DARWIN PRETENDIAM DEMOSTRAR QUE DEUS NÃO EXISTIA, ENTÃO AS PESSOAS COMEÇARAM **A REJEITAR** ESSAS DESCOBERTAS CIENTÍFICAS.

MEIA-VOLTA! VOLTEM PARA CASA! NÃO HÁ NADA A VER!

NO EVOLUTION

ELES LIAM A NARRATIVA BÍBLICA DA CRIAÇÃO AO PÉ DA LETRA, COMO UMA REPORTAGEM HISTÓRICA, E SÃO CHAMADOS ENTÃO DE "CRIACIONISTAS".

O TERMO "FIXISTAS" FICARIA MELHOR, PORQUE PARA ELES NUNCA HOUVE TRANSFORMAÇÃO: A CRIAÇÃO ACABOU, NÃO DUROU MAIS DE UMA SEMANA! AS ESPÉCIES NUNCA EVOLUÍRAM, NÃO HOUVE VARIAÇÃO.

MAS ESSE PONTO ESPECÍFICO FOI REFUTADO QUANDO DARWIN OBSERVOU VARIAÇÕES MENORES NAS AVES DURANTE A SUA VIAGEM ÀS ILHAS GALÁPAGOS. ELE ESCREVEU ENTÃO SUA "TEORIA RESTRITA" FUNDADA NA EXPERIÊNCIA, ANTES DE ESTENDÊ-LA EM SUA "TEORIA GERAL" QUE AINDA PROCURA OS "ELOS PERDIDOS", SEM ACHÁ-LOS!

QUANTO AOS OSSOS DE DINOSSAUROS, JÁ QUE O TEXTO BÍBLICO NÃO FALA DELES, OS FIXISTAS PREFEREM IGNORÁ-LOS. ELES RESISTEM À IDEIA DA IDADE AVANÇADA DA TERRA, QUE NÃO É EVOCADA NA BÍBLIA.

TEM UM PROBLEMA NA REALIDADE, ENTÃO ELES PREFEREM RECUSAR A REALIDADE!

SIM, É ESSA A ESCOLHA QUE FAZEM: ELES OPÕEM A BÍBLIA ÀS DESCOBERTAS CIENTÍFICAS.

COMO NA ÉPOCA DO GALILEU!

EXATAMENTE. COMO NA ÉPOCA DE GALILEU, ELES TÊM MUITO MEDO QUE TUDO FIQUE ATRAPALHADO.

CAVAM CHOCADOS COM A IDEIA DE QUE O HOMEM PUDESSE DESCENDER DO MACACO.

ALIÁS, SABEMOS AGORA QUE NÃO É O CASO, PORQUE FOI PROVADO QUE O MACACO NÃO É O AVÔ DO HOMEM E SIM UM PRIMO DISTANTE.

...COM QUEM TEMOS MESMO ASSIM MAIS OU MENOS 95% DE GENES EM COMUM!

MAS, DEPOIS DE DARWIN, O FATO DA EVOLUÇÃO FOI COMPROVADO CIENTIFICAMENTE?

HOJE, DE UM PONTO DE VISTO CIENTÍFICO, HÁ ALGUNS ASPECTOS DA EVOLUÇÃO QUE ESTÃO CONFIRMADOS, E ALGUNS PONTOS PERMANECEM ENIGMAS.

TEMOS CERTEZA DE QUE 3 GRANDES INTUIÇÕES DE BUFFON FORAM CONFIRMADAS PELO PROGRESSO CIENTÍFICO...

1- A TERRA É BEM MAIS VELHA DO QUE A GENTE SEMPRE ACREDITOU.

2- PENSO QUE O UNIVERSO NASCEU DE UMA LENTA TRANSFORMAÇÃO...

3- A ESTABILIDADE DAS ESPÉCIES VIVAS ME PARECE QUESTIONÁVEL*.

*NO SEU LIVRO DE 1778: AS ÉPOCAS DA NATUREZA.

1- DESDE DE 1953, SABEMOS QUE A TERRA TEM MAIS DE 4,5 BILHÕES DE ANOS!

2- JÁ EM 1800, LAMARCK FOI O PRIMEIRO A AFIRMAR UMA TEORIA CHAMADA POR ELE DE "TRANSFORMISTA".

PORQUE A PALAVRA "EVOLUCIONISTA" AINDA NÃO EXISTIA...

ELE EXPLICA SUA TEORIA TRANSFORMISTA NO SEU LIVRO DE 1809: *Filosofia zoológica*.

AS ESPÉCIES APARECERAM PROGRESSIVAMENTE, DAS MAIS SIMPLES ATÉ AS MAIS COMPLEXAS.

EXISTE UMA EVOLUÇÃO DE CA ESPÉCIE PARA SE ADAPTAR A MEIO AMBIENTE E TRANSM CARACTERÍSTICAS ADQUIR

JEAN-BAPTISTE MONET, CHEVALIER DE LAMARCK 1744-1829

1809 MARCA O LANÇAMENTO DO LIVRO DE LAMARCK, MAS TAMBÉM O NASCIMENTO DE CHARLES DARWIN.

3- AS ESPÉCIES NÃO SÃO FIXAS, CONSTATAMOS PEQUENAS VARIAÇÕES.

ESSA OBSERVAÇÃO CONDUZ DARWIN A QUESTIONAR, COM TODA RAZÃO, A VISÃO FIXISTA RECORRENTE NA SUA *teoria restrita*.

ELE VAI TRANSFORMÁ-LA NA *teoria geral*, QUE PERMANECE UMA HIPÓTESE ENQUANTO NÃO ACHARMOS OS FÓSSEIS DAS ETAPAS INTERMEDIÁRIAS: "OS ELOS PERDIDOS", QUE AGORA SÃO CHAMADOS DE "FORMAS DE TRANSIÇÃO".

O ACASO PRODUZ MUTAÇÕES ALEATÓRIAS, ENTÃO É POR MEIO DA SELEÇÃO NATURAL QUE OS MAIS FORTES OU MAIS BEM ADAPTADOS SUBSISTEM E ASSIM OCORRE A EVOLUÇÃO.

CHARLES DARWIN 1809-1882

ALFRED RUSSEL WALLACE 1823-1913

COMO BUFFON, DARWIN RENUNCIOU DURANTE MUITO TEMPO A PUBLICAR SUAS TESES.

QUANDO UM CERTO WALLACE LHE FEZ PARTE DE UMA TEORIA IDÊNTICA, DARWIN SE APRESSOU PARA PUBLICAR O SEU LIVRO EM 1859, CUJO TÍTULO INTEIRO É:
"A ORIGEM DAS ESPÉCIES POR MEIO DA SELEÇÃO NATURAL OU A PRESERVAÇÃO DAS RAÇAS FAVORECIDAS NA LUTA PELA VIDA".

O fato científico:

DESDE O INÍCIO DA VIDA NA TERRA, AS ESPÉCIES VIVAS NÃO APARECERAM DE UMA VEZ SÓ, NEM EM UMA SEMANA, MAS PROGRESSIVAMENTE, DURANTE MILHÕES DE ANOS. OBSERVAMOS ENTÃO UMA *evolução por etapas* DO MAIS SIMPLES ATÉ O MAIS COMPLEXO. EXISTEM RELAÇÕES FÍSICAS E GENÉTICAS DE UMA ESPÉCIE A OUTRA.

Os enigmas:

NINGUÉM SABE COMO ACONTECE ESSA EVOLUÇÃO. PORQUE A EVOLUÇÃO NÃO É UMA EXPLICAÇÃO, MAS O QUE DEVEMOS EXPLICAR.

ACHAREMOS UM DIA AS "FORMAS DE TRANSIÇÃO"?

Darwin tinha certeza de que os progressos da ciência permitiriam achar rapidamente aqueles famosos "elos perdidos" que confirmariam finalmente a sua *teoria geral*. Mas (pelo que sabemos) ainda não é o caso.

Ninguém sabe ainda co formaram mecanismos co como o do olho ou a inver uma simples pena de p Existem hipóteses, mas especialistas não concor

Eu deveria ter escolhido a pena!

Estou doido para usar o carbono-14.

—S SE ESTAMOS CERTOS DO FATO ENTÍFICO DA EVOLUÇÃO, A BÍBLIA SE TORNA UMA NARRATIVA MÍTICA QUE NEM AS OUTRAS!

TEM UMA DIFICULDADE NA MINHA INVESTIGAÇÃO! ISSO ME DEPRIME.

MINHA INVESTIGAÇÃO TERMINA AQUI.

HUM...

FALE-ME DESSA INVESTIGAÇÃO.

!?

AH, É O SENHOR!⁽¹⁾

É MUITA GENTILEZA VIR ME APOIAR NESSA NOVA INVESTIGAÇÃO...

MAS EU TEMO NÃO PODER IR MUITO MAIS LONGE.

NO ENTANTO VOCÊ JÁ TINHA INDÍCIOS IMPORTANTES, GRAÇAS ÀS DESCOBERTAS RECENTES DA CIÊNCIA...

(1) VER: O MISTÉRIO DO SOL FRIO.

—S É! DESCOBRIMOS JUNTOS⁽²⁾ QUE OS PROFETAS —REUS TINHAM SIDO OS ÚNICOS EM TODA A —ANIDADE A TER UM CONHECIMENTO EXATO —RE ALGUNS ASSUNTOS RELATIVOS AO —VERSO E AO HOMEM...

—0 ANOS ANTES —CIÊNCIA!

TODAS AS CIVILIZAÇÕES DA ANTIGUIDADE ACHAVAM QUE O SOL FOSSE ETERNO. EM TODOS OS LUGARES ELE ERA ADORADO COMO UM DEUS. EM TODOS OS LUGARES? SIM, EXCETO PARA UM POVO: OS HEBREUS.

O SOL, A LUA E AS ESTRELAS QUE VOCÊS TODOS VENERAM COMO DIVINDADES ETERNAS NÃO SÃO ETERNOS.

NÃO SÃO DEUSES, SÃO LÂMPADAS! TIVERAM UM INÍCIO E TERÃO UM FIM.

(2) VER: O MISTÉRIO DO SOL FRIO.

AQUI: TODAS AS GRANDES CIVILIZAÇÕES. E AQUI: O PEQUENO POVO HEBREU.

COMO NINGUÉM PODIA VERIFICAR QUEM TINHA RAZÃO, A PERGUNTA: "SERÁ QUE O SOL É ETERNO?" PERTENCIA À ÁREA FILOSÓFICA E RELIGIOSA.

(FREQUENTEMENTE É ASSIM, QUANDO NINGUÉM PODE VERIFICAR.)

E COMO OS HEBREUS ERAM OS ÚNICOS A AFIRMAR O CONTRÁRIO DA OPINIÃO COMPARTILHADA POR TODO MUNDO, ERAM TRATADOS COM ZOMBARIA E ERAM MASSACRADOS.

UMA ATITUDE CLÁSSICA.

E ASSIM DUROU MIL ANOS, DOIS MIL ANOS, TRÊS MIL ANOS... DEPOIS DE TRÊS MIL ANOS, AINDA BEM, CHEGARAM OS ASTROFÍSICOS.

UMA NOVIDADE: ELES TINHAM FINALMENTE INSTRUMENTOS QUE PERMITIAM ESTUDAR O SOL...

QUAIS SÃO OS RESULTADOS?

O SOL TEM UM INÍCIO E TERÁ UM FIM.

ENTÃO OS HEBREUS TINHAM RAZÃO.

O SOL É UMA LÂMPADA.

— O SENHOR COMPREENDE DISSO?

— OS HEBREUS, QUE ERAM CONSIDERADOS PESSOAS ARCAICAS, TINHAM ESCRITO NOS SEUS LIVROS (A BÍBLIA) INFORMAÇÕES QUE NOSSAS CIÊNCIAS PODEM CONFIRMAR!

— ENTÃO EU QUIS PROSSEGUIR ESSA INVESTIGAÇÃO PARA VERIFICAR SE FOI POR SORTE

— OU SE ELES TINHAM ACERTADO EM OUTROS ASSUNTOS VERIFICÁVEIS.

— ELES ACERTARAM AFIRMANDO QUE A LUA E AS ESTRELAS TÊM UM INÍCIO E TERÃO UM FIM.

— O QUE AS CIÊNCIAS CONFIRMAM, CITANDO ATÉ MESMO DATAS ESTIMADAS.

— ELES ERAM OS ÚNICOS NO MUNDO A ENSINAR QUE O UNIVERSO INTEIRO NÃO É DIVINO PORQUE ELE TEVE UM COMEÇO E TERÁ UM FINAL.

— OS ASTROFÍSICOS DIZEM A MESMA COISA, ESTIMANDO AS DATAS.

— REALMENTE, TUDO ISSO É EXATO. ALIÁS, TODO MUNDO PODE VERIFICAR.

— ELES AFIRMARAM QUE, NA NATUREZA, NADA É DIVINO.

— NEM AS ÁRVORES, NEM AS FONTES DE ÁGUA, NEM OS OCEANOS, NEM OS DOMÍNIOS SUBTERRÂNEOS: NADA. NEM AS FORÇAS DA NATUREZA COMO A TEMPESTADE, OS RAIOS E OS FURACÕES. PARA OS HEBREUS, NÃO HÁ NADA DE DIVINO NESSAS COISAS.

— OS PROGRESSOS RECENTES DA CIÊNCIA NOS LIBERTARAM DESSAS ANTIGAS SUPERSTIÇÕES QUE JÁ SÃO CRITICADAS HÁ 3.000 ANOS PELOS PROFETAS.

— PODEMOS DIZER QUE AS CIÊNCIAS DESDIVINIZARAM O MUNDO,

— MAS TEMOS QUE RECONHECER QUE OS PROFETAS HEBREUS JÁ TINHAM FEITO ESSE TRABALHO HÁ MUITO TEMPO.

— ELES ATÉ OUSARAM DESDIVINIZAR O PODER ESTABELECIDO: O REI, O IMPERADOR, O FARAÓ.

— FOI CORAJOSO E, ALIÁS, LHES CUSTOU CARO.

— NESSE MUNDO PROVISÓRIO, NADA É DIVINO.

— FAZEMOS UMA DISTINÇÃO RADICAL ENTRE O CRIADOR E A SUA CRIAÇÃO.

COMO NA ÉPOCA DE GALILEU, ACHO QUE OS CRIACIONISTAS ERRAM NA INTERPRETAÇÃO DA BÍBLIA.

É CLARO, PORQUE LOGO QUE ALGUÉM COMEÇA A FALAR DA BÍBLIA, É NECESSÁRIO ABRIR UM PARÊNTESE PARA EXPLICAR QUE...

A BÍBLIA NÃO É UM LIVRO, MAS UMA BIBLIOTECA, NA QUAL ALGUNS LIVROS SÃO SIMBÓLICOS, SÃO PARÁBOLAS...*

* VER: O MISTÉRIO DO SOL FRIO.

SUPONHO QUE ESSE SEJA O CASO DA NARRATIVA DA CRIAÇÃO: UMA PARÁBOLA QUE CONTA EM 6 DIAS SIMBÓLICOS EVENTOS QUE ACONTECERAM DURANTE MILHÕES DE ANOS...

ESTÁ VENDO? NÃO ESQUECI OS SEUS PARÊNTESES TÃO IMPORTANTES!

DÁ PARA VER. FICO MUITO FELIZ, VOCÊ VAI VER QUE ISSO CONTA MUITO NESSE NEGÓCIO DAS ORIGENS...

ENTÃO, CADÊ O PROBLEMA?

O PROBLEMA É QUE A EVOLUÇÃO PARECE PROVAR PARA TODO MUNDO QUE NÃO HÁ CRIAÇÃO, E ENTÃO... NENHUM CRIADOR.

É OSSO...

SE A EVOLUÇÃO PROVASSE EFETIVAMENTE QUE NÃO HÁ CRIAÇÃO, ENTÃO OS EVOLUCIONISTAS TERIAM RAZÃO AO DIZER QUE NÃO EXISTE UM CRIADOR!

NÃO É NECESSÁRIO CONTINUAR A PROCURAR...

ENTENDO.

...A NÃO SER QUE OPONHAMOS CIÊNCIA E RELIGIÃO, COMO FAZEM OS CRIACIONISTAS.

SIM, EU ENTENDO: ENTÃO PRECISAMOS AGORA ESTUDAR DE PERTO ESSA QUESTÃO.

SUGIRO QUE NÓS ANALISEMOS JUNTOS ESSE FAMOSO DEBATE, USANDO ILUSTRAÇÕES...

CAPÍTULO 3 — UMA LEITURA SIMBÓLICA.

RECAPITULEMOS: DESDE BUFFON, DUAS SOLUÇÕES SIMPLES COMEÇARAM A **SE IMPOR** E SE **OPOR**:

1. OU A BÍBLIA SE EQUIVOCA E DEUS NÃO EXISTE.

2. OU A BÍBLIA TEM RAZÃO E A CIÊNCIA NÃO EXISTE (ALGUÉM NOS ENGANA).

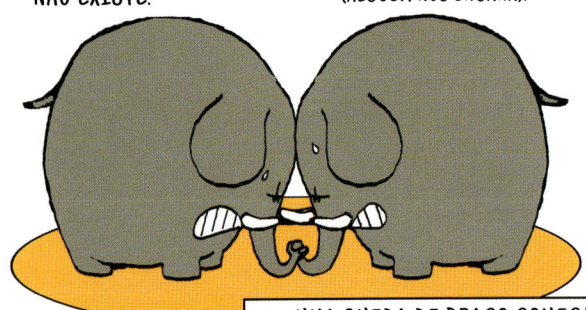

NÃO PARECIA TER OUTRA SOLUÇÃO FORA DESSES DOIS EXTREMOS QUE SE ASSEMELHAM...

(E SE MISTURAM!)

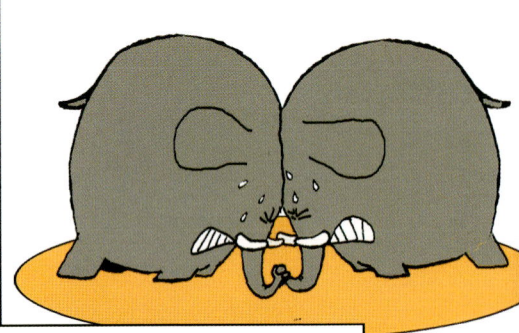

UMA QUEDA DE BRAÇO COMEÇA PARA SABER QUEM ENGANA E QUEM SE ENGANA...

AÍ CHEGOU DARWIN.

COM SEU LIVRO, *A ORIGEM DAS ESPÉCIES POR MEIO DA SELEÇÃO NATURAL OU A PRESERVAÇÃO DAS RAÇAS FAVORECIDAS NA LUTA PELA VIDA*, ELE FARIA AS COISAS EVOLUÍREM.

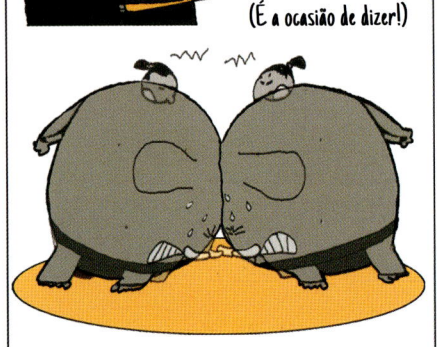

(É a ocasião de dizer!)

ESSE DEBATE DE ESPECIALISTAS COMEÇAVA A TOMAR NOVOS RUMOS PORQUE A QUESTÃO DA EVOLUÇÃO DESPERTAVA O INTERESSE DO GRANDE PÚBLICO.

O DEBATE SE AMPLIOU ENTRE OS GÊMEOS-SUMÔS.

(É simbólico).

E DARWIN TRAZIA ARGUMENTOS NOVOS AOS PARTIDÁRIOS DA PRIMEIRA SOLUÇÃO:

SOLUÇÃO 1: A BÍBLIA ESTÁ ERRADA E DEUS NÃO EXISTE!

HA HA HA!

VIVA A EVOLUÇÃO!

CADA VEZ MAIS, TODO MUNDO TINHA A IMPRESSÃO DE QUE ESSES DOIS CAMPOS APRESENTAVAM AS DUAS ÚNICAS SOLUÇÕES POSSÍVEIS: ERA PRECISO ESCOLHER, ERA UMA OU OUTRA... DARWIN OU A BÍBLIA!!

ATÉ QUE ALGUÉM PERGUNTA:

E AÍ, O QUE VOCÊS ESTÃO FAZENDO?

RESPONDEM:

Estamos debatendo: EVOLUCIONISTAS contra CRIACIONISTAS. DARWIN contra A BÍBLIA.

...E VAI DURAR MUITÍSSIMO TEMPO...

...VAI, PORQUE NÓS DOIS SOMOS FORTÍSSIMOS.

VOCÊS CHAMAM ISSO DE "DEBATE"?

Parece mais a luta pela vida de que fala Darwin!

Quadro 1:

OS EVOLUCIONISTAS INVENTAM TEORIAS CIENTÍFICAS PARA DEMONSTRAR QUE DEUS NÃO EXISTE!

OS CRIACIONISTAS REJEITAM A CIÊNCIA!

E SE VOCÊS DOIS ESTIVESSEM ERRADOS, FAZENDO TANTO BARULHO?

E SE TIVESSE UMA 3ª ESCOLHA POSSÍVEL?

Quadro 2:

É ELE QUE ESTÁ ERRADO, A EVOLUÇÃO SE DÁ SOZINHA: ELA NÃO PRECISA DE DEUS!

BLASFÊMIA! DEUS CRIOU TUDO NUMA SEMANA: A EVOLUÇÃO É UMA MENTIRA!

ISSO NÃO É UM DEBATE, É UMA BRIGA!

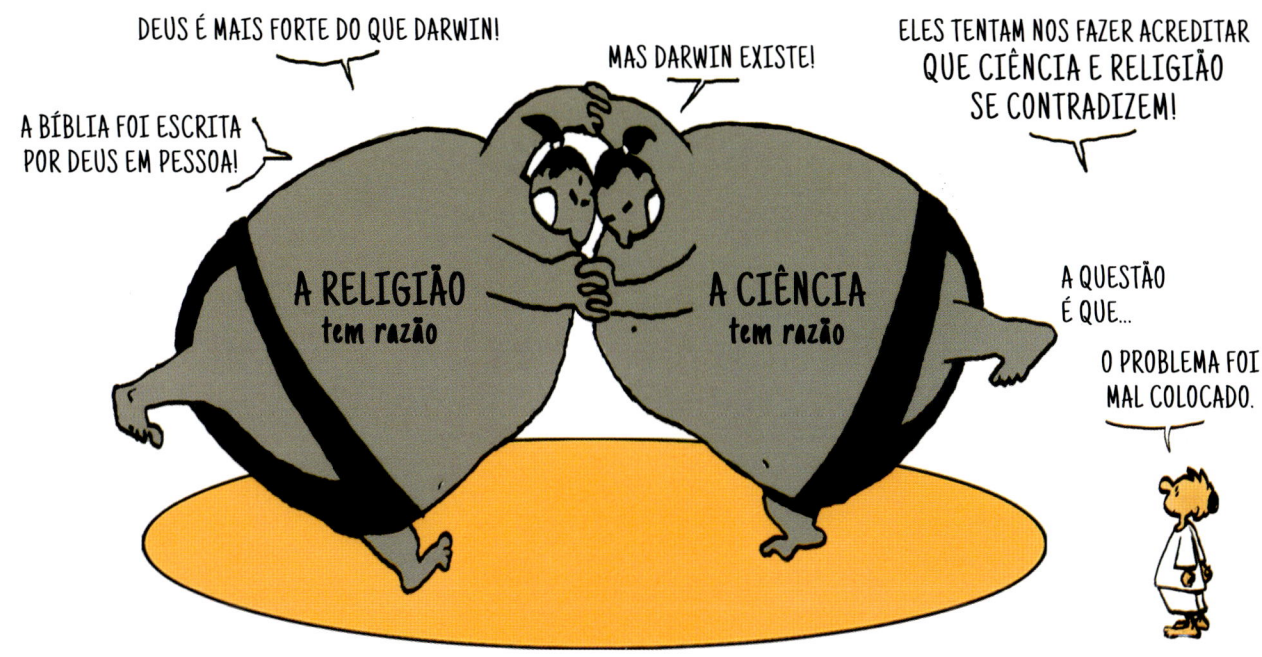

Quadro 3:

DEUS É MAIS FORTE DO QUE DARWIN!

MAS DARWIN EXISTE!

ELES TENTAM NOS FAZER ACREDITAR QUE CIÊNCIA E RELIGIÃO SE CONTRADIZEM!

A BÍBLIA FOI ESCRITA POR DEUS EM PESSOA!

A RELIGIÃO *tem razão*

A CIÊNCIA *tem razão*

A QUESTÃO É QUE...

O PROBLEMA FOI MAL COLOCADO.

Quadro 4:

O PROBLEMA VEM DE VOCÊS, CRIACIONISTAS!

O QUE FOI MAL COLOCADO SÃO VOCÊS, EVOLUCIONISTAS!

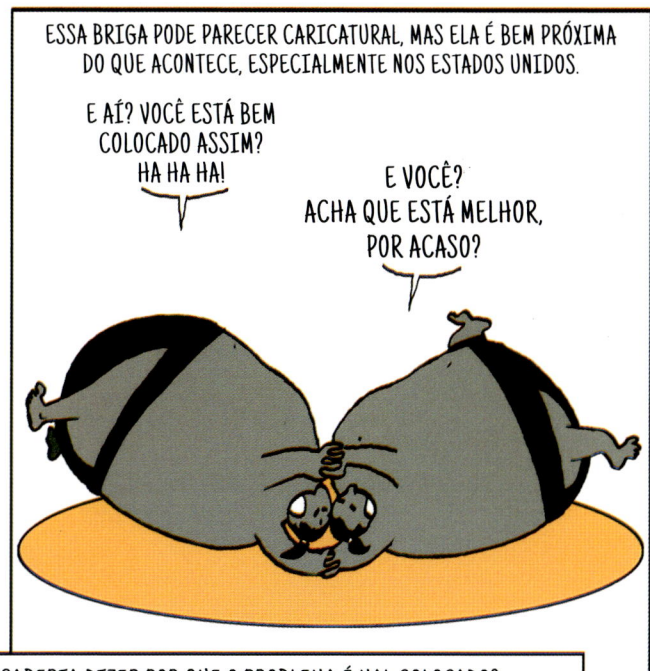

Quadro 5:

ESSA BRIGA PODE PARECER CARICATURAL, MAS ELA É BEM PRÓXIMA DO QUE ACONTECE, ESPECIALMENTE NOS ESTADOS UNIDOS.

E AÍ? VOCÊ ESTÁ BEM COLOCADO ASSIM? HA HA HA!

E VOCÊ? ACHA QUE ESTÁ MELHOR, POR ACASO?

AMIGO LEITOR, ANTES DE VIRAR A PÁGINA, VOCÊ SABERIA DIZER POR QUE O PROBLEMA É MAL COLOCADO?

O PROBLEMA É MAL COLOCADO PORQUE, NA REALIDADE, OS DOIS ADVERSÁRIOS NÃO SE SITUAM NO MESMO PLANO.

TUDO SE RESUME A COMPREENDER QUE CIÊNCIA E FILOSOFIA SÃO VIZINHAS, MAS EM DOIS NÍVEIS DIFERENTES...

ANDAR DAS RELIGIÕES E FILOSOFIAS

Cada um tem que jogar no seu campo.

...OU DOIS ANDARES, SE PREFERIREM... (AQUI: O AMARELO E O VERDE.)

ANDAR DAS CIÊNCIAS E EXPERIÊNCIAS

Cada um tem que jogar no seu campo.

ENQUANTO CADA UM FICA NO SEU ANDAR, ESTÁ TUDO BEM

AS DIFICULDADES COMEÇARAM QUANDO CADA UM QUIS ENTRAR ILEGALMENTE NO CAMPO DO OUTRO:

O CRIACIONISTA DECLAROU QUE AS CIÊNCIAS SE ENGANAM, COMO NO TEMPO DE GALILEU.

ANDAR DAS RELIGIÕES E FILOSOFIAS

RATTAKKK

ESSE É O ERRO DE INTERPRETAÇÃO QUE RECONHECEU O PAPA JOÃO PAULO II (PÁGINA 11).

DO SEU LADO, O EVOLUCIONISTA TENTOU TROCAR DE ANDAR,

TRANSFORMANDO UM FATO CIENTÍFICO NUMA TEORIA FILOSÓFICA.

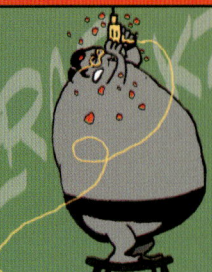

ANDAR DAS CIÊNCIAS E EXPERIÊNCIAS

ELE TROCA DE ANDAR NO INSTANTE EM QUE ELE DECLARA QUE UM FATO CIENTÍFICO COMO A EVOLUÇÃO É A **PROVA** QUE DEUS NÃO EXISTE

PORQUE O FATO QUE AS ESPÉCIES EVOLUAM NÃO SE RELACIONA COM A QUESTÃO DA EXISTÊNCIA DE UM CRIADOR.

A EVOLUÇÃO NÃO COMPROVA NADA: A EVOLUÇÃO É O QUE É PRECISO EXPLIC

QUANDO UMA TEORIA CIENTÍFICA SE TRANSFORMA EM UMA INTERPRETAÇÃO FILOSÓFICA, ELA DEIXA DE SER CIÊNCIA.

ELA SE TORNA QUESTIONÁVEL, COMO QUALQUER INTERPRETAÇÃO.

ANDAR DAS RELIGIÕES E FILOSOFIAS

AGORA, NÃO TEM MAIS NINGUÉM NO ANDAR DAS CIÊNCIAS!...

ESSE DEBATE NUNCA FOI CIENTÍFICO.

ANDAR DAS CIÊNCIAS E EXPERIÊNCIAS

OS EVOLUCIONISTAS NÃO PODEM PROVAR CIENTIFICAMENTE QUE NÃO HÁ CRIAÇÃO.

OS CRIACIONISTAS, RECONFORTADOS, PODEM ENT RECONHECER AS DESCOBERTAS DAS CIÊNCIAS E SE PERGUNTAR SE OS 6 DIAS DA CRIAÇÃO NÃO FORAM GRANDES ETAPAS SIMBÓLICAS...

PORQUE, DE QUALQUER MANEIRA, A QUESTÃO DE DEUS NÃO PERTENCE AO CAMPO DAS CIÊNCIAS...

A QUESTÃO DE DEUS PERTENCE À LINGUAGEM CIENTÍFICA?
CLARO QUE NÃO.

TODOS OS CIENTISTAS VÃO LHE DIZER, COMO EU:

NENHUMA CIÊNCIA PODE PROVAR
- QUE DEUS EXISTE
- OU QUE ELE NÃO EXISTE

SIMPLESMENTE PORQUE ISSO NÃO PERTENCE AO CAMPO DA CIÊNCIA.

A CIÊNCIA NÃO TEM COMPETÊNCIA NESSE ASSUNTO.

NA LINGUAGEM CIENTÍFICA, TEM PALAVRAS QUE NÃO EXISTEM. É O CASO DA PALAVRA **DEUS** OU DA PALAVRA **ACASO**...

OS CIENTISTAS PODEM, COMO TODO MUNDO, ACREDITAR EM DEUS OU NÃO.

MAS A CIÊNCIA SÓ PODE ESTUDAR AQUILO QUE ESTÁ A SEU ALCANCE.

É O CAMPO "FÍSICO".

PARA ALÉM DESSE, FICA O CAMPO "METAFÍSICO".

[A QUE]STÃO DE DEUS NÃO É FÍSICA, [E]LA É METAFÍSICA.

[N]ÃO PODE HAVER NENHUM DEBATE SOBRE DEUS [E]NTRE OS 2 ANDARES (CIÊNCIA E RELIGIÃO) [P]ORQUE ELES FALAM 2 LINGUAGENS DIFERENTES.

[A]PESAR DISSO, [C]ONSTATAMOS QUE TEM [U]M DEBATE-BRIGA [J]Á FAZ 150 ANOS!

É MESMO, MAS CUIDADO!

É UMA ILUSÃO!

É SÓ APARÊNCIA! NA VERDADE, NÃO É UM DEBATE ENTRE CIÊNCIA E RELIGIÃO, É UM DEBATE ENTRE DUAS INTERPRETAÇÕES FILOSÓFICAS DE FATOS CIENTÍFICOS.

ENTÃO NÃO É UM DEBATE CIENTÍFICO?

DE NOVO!
Galileu Galilei 1564-1642

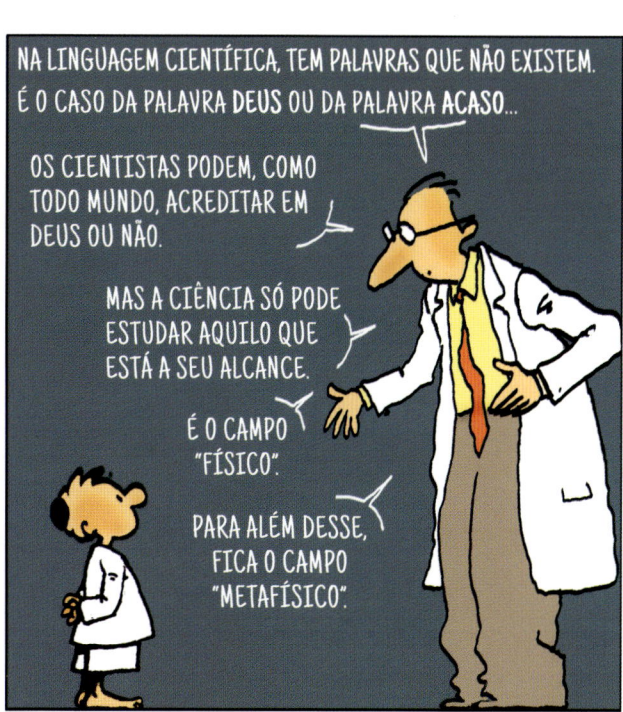

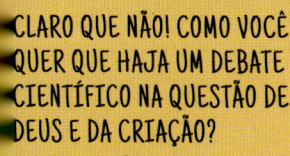

CLARO QUE NÃO! COMO VOCÊ QUER QUE HAJA UM DEBATE CIENTÍFICO NA QUESTÃO DE DEUS E DA CRIAÇÃO?

HÁ UM FATO CIENTÍFICO QUE FOI INTERPRETADO DE DUAS MANEIRAS DIFERENTES.

ANDAR DAS RELIGIÕES E FILOSOFIAS

ELES TÊM O DIREITO DE DEBATER SOBRE DUAS INTERPRETAÇÕES METAFÍSICAS.

MAS SERIA FALSO CHAMAR ISSO DE DEBATE ENTRE CIÊNCIA E RELIGIÃO. VOCÊ ENTENDE?

[A]LIÁS, NADA IMPEDE QUE AS [F]ILOSOFIAS E AS RELIGIÕES [S]E INFORMEM SOBRE OS [N]OVOS CONHECIMENTOS [C]IENTÍFICOS E [O]S CONSIDEREM,

ELAS ATÉ DEVEM CONSIDERAR ESSAS DESCOBERTAS, SE NÃO QUISEREM SER DESCONECTADAS DA REALIDADE E PERMANECER NO ANDAR DAS FÁBULAS E DAS MITOLOGIAS, QUE SÃO UMA ESPÉCIE DE CONTOS DE FADAS.

OU A GENTE LEVA EM CONTA, OU A GENTE APEGA-SE AOS CONTOS.

Os contos de fada são bons por um momento...

O SENHOR TEM ALGUM PROBLEMA COM OS CONTOS?

Etapa provisória do desenvolvimento infantil.

ESTÁ BEM, ESTOU COMEÇANDO A ENTENDER QUE É PRECISO DISTINGUIR DUAS COISAS BEM DIFERENTES:

1. O FATO CIENTÍFICO DA EVOLUÇÃO
2. A INTERPRETAÇÃO (NÃO CIENTÍFICA) DESSE FATO.

EXATAMENTE! MUITAS CONFUSÕES VÊM DO USO DA PALAVRA "EVOLUCIONISTA" PARA DESIGNAR DUAS PESSOAS DIFERENTES:

1. AQUELE QUE LEVA EM CONTA O FATO CIENTÍFICO INDISCUTÍVEL.
2. AQUELE QUE DEDUZ A PARTIR DISSO UMA TEORIA METAFÍSICA DISCUTÍVEL.

ENTÃO VAMOS CHAMAR DE "evolucionistas" AQUELES QUE CONSIDERAM UNICAMENTE O FATO CIENTÍFICO (QUE É INCONTORNÁVEL)...

E VAMOS CHAMAR DE "evolucionistas-evolucionistas" AQUELES QUE DAÍ DEDUZEM UMA TEORIA METAFÍSICA ATEIA. (JÁ QUE SE FALA DE "SAPIENS-SAPIENS"!)

BOA IDEIA! SEM ISSO, SE FALARMOS SÓ DE EVOLUCIONISTAS, NÃO TEM COMO FAZER UMA DISTINÇÃO ENTRE OS DOIS. É ISSO QUE MANTÉM O MAL-ENTENDIDO DESSE DEBATE.

E É ESSA CONFUSÃO QUE FREQUENTEMENTE ACONTECE QUANDO UM CIENTISTA APARECE NA TEVÊ...

UM CIENTISTA CHEGA NA TELEVISÃO COM SEU JALECO E SEU PRÊMIO NOBEL DE BIOLOGIA.

BOA NOITE!

ELE COMEÇA A FALAR DE BIOLOGIA, EM QUE É O MAIOR ESPECIALISTA MUNDIAL: A GENTE CONFIA NELE. É NORMAL, A CIÊNCIA É A SUA ÁREA...

QUANDO ESTUDAMOS OS SERES VIVOS, DESDE O INÍCIO DA VIDA, HÁ 3,6 BILHÕES DE ANOS, OBSERVAMOS UMA EVOLUÇÃO QUE SEMPRE VAI NO MESMO SENTIDO: DO MAIS SIMPLES ATÉ O MAIS COMPLEXO.

ATÉ AGORA, ELE NOS TRANSMITE UMA INFORMAÇÃO CIENTÍFICA, FICA NO ANDAR DAS CIÊNCIAS. ELE NOS TRANSMITE SEUS CONHECIMENTOS...

MAS ACONTECE QUE ELE NÃO PARA AÍ, E DÁ A SUA CONCLUSÃO:

ENTÃO, A EVOLUÇÃO **PROVA** QUE NÃO HOUVE CRIAÇÃO, PORQUE ESSA EVOLUÇÃO ACONTECE SOZINHA, POR ACASO. ENTÃO DEUS NÃO É NECESSÁRIO, LOGO, DEUS NÃO EXISTE.

CLARO, ELE TEM O DIREITO DE EXPRESSAR UMA INTERPRETAÇÃO METAFÍSICA, MAS ISSO NOS FAZ ACREDITAR QUE NÓS AINDA ESTAMOS NO DOMÍNIO CIENTÍFICO, APESAR DE JÁ TER SAÍDO DELE.

ERA PRECISO PODER DIZER: PARE!

Pare, professor! O SENHOR SAIU DA SUA ÁREA SEM NOS AVISAR!

E DAÍ?

DAÍ QUE O SENHOR TERIA QUE **AVISAR** AOS TELESPECTADORES ESSA SAÍDA, SENÃO ELES ACREDITAM QUE O SENHOR ESTÁ DANDO PROVAS CIENTÍFICAS SOBRE DEUS...

ALGUNS LEITORES TALVEZ ACHEM ESSE EXEMPLO UM POUCO CARICATURAL, MAS MESMO ASSIM ELE AJUDA A ENTENDER...

| ENTÃO... ACHO QUE... | TEM TODA RAZÃO... | POR ISSO AGORA ESTOU TIRANDO O MEU JALECO DE CIENTISTA... | ...PARA MOSTRAR ESSA MUDANÇA DE ÁREA, E PARA EVITAR QUALQUER MAL-ENTENDIDO. |

AGORA NÃO VOU MAIS LHE FALAR DE BIOLOGIA COMO UM PROFISSIONAL, MAS DE METAFÍSICA COMO UM AMADOR:

NÃO TENHO FÉ, ENTÃO EU PENSO QUE ESSA EVOLUÇÃO SE FAZ SOZINHA.

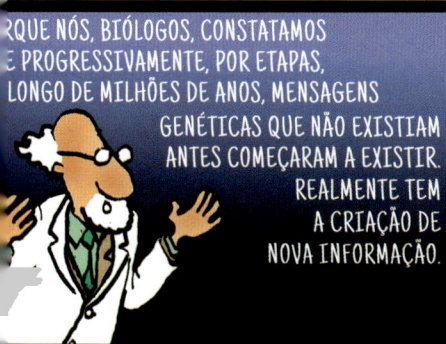

MUITO OBRIGADA, PROFESSOR, SE TODO MUNDO FIZESSE COMO O SENHOR, DARIA PARA PERCEBER MELHOR A DIFERENÇA ENTRE UM FATO CIENTÍFICO INDISCUTÍVEL E A SUA INTERPRETAÇÃO, QUE SEMPRE É DISCUTÍVEL.

UM TELESPECTADOR TEM UMA PERGUNTA PARA O PROFESSOR.

AQUI A MINHA PERGUNTA: O SENHOR PODERIA NOS DIZER O QUE É... A EVOLUÇÃO?

PROFESSOR, O QUE É A EVOLUÇÃO PARA UM BIÓLOGO?

ENTÃO VOU LHE DIZER,

MAS PRIMEIRO, VOU VESTIR O MEU JALECO PORQUE VOU LHE FALAR DA EVOLUÇÃO COMO UM CIENTISTA.

A EVOLUÇÃO É A CRIAÇÃO OU A INVENÇÃO, NO DECORRER DO TEMPO, DE NOVAS MENSAGENS GENÉTICAS.

MAS?!? PROFESSOR... O SENHOR ACABOU DE NOS DIZER QUE... A EVOLUÇÃO É... A CRIAÇÃO?!?

EU NÃO FALAVA DE CRIAÇÃO NO SENTIDO BÍBLICO, MAS... QUAL PALAVRA USAR PARA DESCREVER ESSA APARIÇÃO DE NOVAS MENSAGENS GENÉTICAS? CRIAÇÃO? INVENÇÃO?

PORQUE NÓS, BIÓLOGOS, CONSTATAMOS QUE PROGRESSIVAMENTE, POR ETAPAS, AO LONGO DE MILHÕES DE ANOS, MENSAGENS GENÉTICAS QUE NÃO EXISTIAM ANTES COMEÇARAM A EXISTIR. REALMENTE TEM A CRIAÇÃO DE NOVA INFORMAÇÃO.

MAS?!? DE ONDE VÊM ESSAS MENSAGENS NOVAS?... FORAM CRIADAS POR UMA INTELIGÊNCIA? OU NÃO?

LAMENTO. A CIÊNCIA NUNCA RESPONDERÁ ESSA PERGUNTA, QUE NÃO PERTENCE À SUA ÁREA.

ENTÃO VOU TIRAR O MEU JALECO PARA DAR A MINHA OPINIÃO. MINHA OPINIÃO PESSOAL...

- ESPERE UM SEGUNDINHO...
- PRIMEIRO EU FICO COM MEU JALECO PARA ALGUMAS PRECISÕES CIENTÍFICAS:
- DE ONDE VÊM AS ORDENS PARA A "FABRICAÇÃO" DE UM SER HUMANO QUE NEM A SENHORITA?
- MINHA "FABRICAÇÃO"?!? MAS... EU...
- PODE CHAMAR ISSO COMO QUISER: FABRICAÇÃO, INVENÇÃO, CRIAÇÃO, APARIÇÃO...
- ENFIM, PROFESSOR, EU...
- A RESPOSTA É: UMA MENSAGEM GENÉTICA.
- POIS É! A SENHORITA SABIA.
- CLARO QUE EU SABIA.
- ENTÃO, SENHORITA, ESSA MENSAGEM ESTÁ INTEGRALMENTE GUARDADA EM CADA UMA DAS SUAS CÉLULAS...
- DÁ PARA ACHÁ-LA EM QUALQUER UM DOS SEUS CABELOS, SUAS UNHAS, GOTAS DE SANGUE...
- ELA É A ASSINATURA ESPECÍFICA DE CADA UMA DAS SUAS CÉLULAS.
- ESSA MENSAGEM ÚNICA NO MUNDO É A SUA ASSINATURA.
- MUITO MAIS FIÁVEL QUE AS IMPRESSÕES DIGITAIS PARA DESMASCARAR UM CULPADO OU INOCENTAR ALGUÉM.
- É ESSA MENSAGEM CODIFICADA QUE CONTÉM ENTÃO TODAS AS INSTRUÇÕES PARA O SEU DESENVOLVIMENTO. A QUESTÃO É: DESDE QUANDO?
- OH! UMA MENSA... AGORA! ALÉM MAIS, CODIFIC...
- QUE LOUCURA
- DNA
- Resposta: DESDE O ENCONTRO DE 2 MENSAGENS: AS DE SEUS PAIS.
- MAS CUIDADO: NÃO É A SOMA DAS MENSAGENS DELES,
- É A INVENÇÃO DE UMA MENSAGEM TOTALMENTE NOVA.
- POR ISSO USAMOS FREQUENTEMENTE A PALAVRA CRIAÇÃO NO NOSSO TRABALHO.
- QUAL OUTRA PALAVRA PODERIA SER CONVENIENTE?
- A SENHORITA É UM POEMA NOVO E ÚNICO NA HISTÓRIA DA HUMANIDADE. NÃO SE DIZ: "FABRICAR UM POEMA".
- O QUE ACONTECE É MUITO DIFERENTE DE UMA ADIÇÃO OU DE UMA FABRICAÇÃO.
- PROFESSOR!!
- NO INSTANTE DO ENCONTRO DAS 2 MENSAGENS DOS SEUS PAIS, ASSISTIMOS A CRIAÇÃO DE UMA NOVA MENSAGEM, QUE CONTÉM TODAS AS INSTRUÇÕES GENÉTICAS PARA O SEU DESENVOLVIMENTO. NADA MAIS SERÁ ACRESCENTADO.

ESSA MENSAGEM
ORGANIZADORA ESTÁ CONTIDA NAS SUAS CÉLULAS.
QUE NEM UMA JOIA NO SEU PORTA-JOIAS.
NO CASO DA SENHORITA, NÃO TEMOS DÚVIDA.
SUPONHO QUE QUEIRA CONSERVAR ESSAS CÉLULAS PRECIOSAS PELO MAIOR TEMPO POSSÍVEL, NÃO É?
HUM... É ISSO MESMO, CLARO! MINHAS CÉLULAS, ISSO É, O MEU CORPO, SOU EU.
EU ME IMPORTO COMIGO MESMA. E SUPONHO QUE NÃO SEJA A ÚNICA...
ENTÃO, SINTO INFORMÁ-LA QUE TODAS AS SUAS CÉLULAS ATUAIS ESTARÃO (INFELIZMENTE)... MORTAS DAQUI A ALGUNS ANOS.
SEM EXCEÇÃO.
MORTAS? MAS ENTÃO EU... VOU MORRER?
NÃO, NÃO! NÃO A SENHORITA! SOMENTE AS SUAS CÉLULAS!
FIQUE TRANQUILA! GRAÇAS À MENSAGEM, A SENHORITA TERÁ OUTRAS.
SE PREOCUPE: ELAS SÃO IMEDIATAMENTE
STITUÍDAS POR CÉLULAS NOVINHAS EM FOLHA,
VEZ QUE A "MATÉRIA" SERÁ SUBSTITUÍDA,
A MENSAGEM PERMANECE.
A MENSAGEM NÃO MORRE?
É ISSO QUE É SURPREENDENTE.
AS SUAS CÉLULAS MORREM AO LONGO DA SUA VIDA, MAS A MENSAGEM NÃO.
É INCRÍVEL, NÃO É?
ELA VAI ORGANIZAR NOVAS MOLÉCULAS PARA FABRICAR AS SUAS CÉLULAS. É O TRABALHO DELA, DESDE SUA CONCEPÇÃO.
NÃO RESTA NENHUMA CÉLULA DA SUA INFÂNCIA!
APESAR DE A SENHORITA AINDA SER JOVEM!
É ISSO.
TODAS AS SUAS CÉLULAS FORAM SUBSTITUÍDAS VÁRIAS VEZES.
E PARA TODO MUNDO É IGUAL.
ESAR DISSO, A SENHORITA TEM
NSCIÊNCIA DE PERMANECER
ESMA, SENDO QUE
A SUA "MATÉRIA" ESTÁ SENDO
BSTITUÍDA SEM PARAR...
DÁ PARA VER QUE AS CÉLULAS, MOLÉCULAS, OS SEUS ÁTOMOS, OU SEJA, SUA "MATÉRIA", NÃO FAZ NADA SOZINHA...
ESSA "MATÉRIA" É ORGANIZADA PELAS INSTRUÇÕES INTELIGENTES QUE ESTÃO CONTIDAS NA MENSAGEM.
A MENSAGEM VEM PRIMEIRO. SEM ELA, NÃO TEM ORGANIZAÇÃO.
ALIÁS, A DA SENHORITA FOI UM GRANDE SUCESSO.
O PROFESSOR ACHA?
SIM, COM CERTEZA!
ALGUÉM JÁ DEVE TER FALADO.

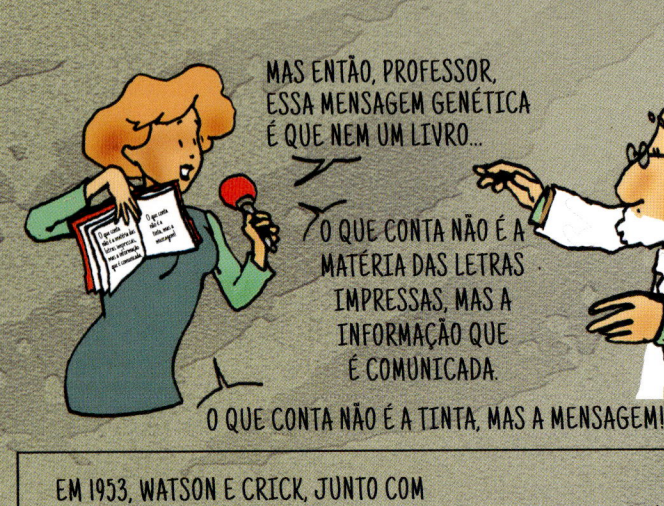

— MAS ENTÃO, PROFESSOR, ESSA MENSAGEM GENÉTICA É QUE NEM UM LIVRO...

— O QUE CONTA NÃO É A MATÉRIA DAS LETRAS IMPRESSAS, MAS A INFORMAÇÃO QUE É COMUNICADA.

O QUE CONTA NÃO É A TINTA, MAS A MENSAGEM!

— É ÓBVIO! E A SENHORITA NEM SABE O QUANTO É VERDADE.

— A FAMOSA "MENSAGEM DE DNA" É REALMENTE REDIGIDA COM UM **ALFABETO** QUE É COMPOSTO DE **4 LETRAS**.

— SÃO MOLÉCULAS GIGANTES QUE SE COMPORTAM COMO LETRAS E QUE, POSTAS DE 3 EM 3, COMPÕEM PALAVRAS, FRASES, MENSAGENS...

— EM 1953, WATSON E CRICK, JUNTO COM ROSALIND FRANKLIN, DESCOBRIRAM ESSAS 4 LETRAS COM AS QUAIS SÃO **ESCRITAS AS MENSAGENS DE TODOS OS SERES VIVOS** NO NOSSO PLANETA, DESDE O COMEÇO DA VIDA.

— O QUÊ? DESDE O COMEÇO?!? É O MESMO SISTEMA? AS MESMAS LETRAS, A MESMA LINGUAGEM PARA TODAS AS FORMAS DE VIDA?!?!

— É SIM, VÍRUS, PLANTAS, ANIMAIS, SERES HUMANOS... DESDE O COMEÇO DA VIDA (HÁ MAIS DE 3 BILHÕES DE ANOS), AS MENSAGENS DE TODOS OS SERES VIVOS SÃO REDIGIDAS COM ESSA LINGUAGEM DO DNA E SEU ALFABETO DE 4 LETRAS.

AS 4 MOLÉCULAS GIGANTES QUE SÃO USADAS COMO LETRAS SÃO:
- Adenina
- Guanina
- Citosina
- Timina

— PROFESSOR EUGENE ÉTICO, QUAL É A FORMA DE VIDA MAIS ANTIGA?

— A PRIMEIRA FORMA DE VIDA QUE APARECEU NA TERRA?

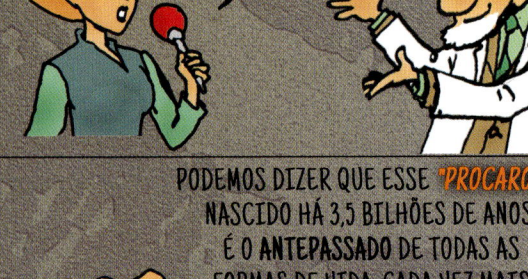

— É O **PROCARIONTE**, QUE APARECEU 3,5 BILHÕES DE ANOS ANTES DE NÓS. ELE É O ORGANISMO MAIS SIMPLES: UMA SÓ CÉLULA **SEM ENVOLTÓRIO NUCLEAR**, COM UM CITOPLASMA E UMA MEMBRANA.

— JÁ É UM SER VIVO: É O QUE CHAMAMOS UMA SUBSTÂNCIA OU UM PSIQUISMO.

— É UM SER VIVO PORQUE ELE SE ALIMENTA, SE REPRODUZ, SE RECUPERA SE NÃO FOR MACHUCADO DEMAIS (ELE CICATRIZA) E ACABA MORRENDO.

— UMA PEDRA NÃO É UM SER VIVO. É UM AGREGADO.

— ELA NÃO TEM MENSAGEM GENÉTICA. UM ÁTOMO E UMA MOLÉCULA NÃO SÃO SERES VIVOS, MAS JÁ SÃO COMPOSIÇÕES.

— PODEMOS DIZER QUE ESSE **PROCAROTE**, NASCIDO HÁ 3,5 BILHÕES DE ANOS, É O **ANTEPASSADO** DE TODAS AS FORMAS DE VIDA, CADA VEZ MAIS COMPLEXAS, QUE APARECERAM DEPOIS?

PROCARIONTE!

— SIM, É O ANCESTRAL.

— CLARO. O QUE NÓS CHAMAMOS DE EVOLUÇÃO É UMA CONSTATAÇÃO: JÁ FAZ 3,5 BILHÕES DE ANOS QUE AS MENSAGENS DE DNA SE TORNAM CADA VEZ MAIS RICAS EM INFORMAÇÃO.

— A INFORMAÇÃO AUMENTA COM O TEMPO.

NÃO SABEMOS COMO.

— A CIÊNCIA PARA AQUI. PARA IR ALÉM, TEM QUE PASSAR PARA O ANDAR METAFÍSICO. TIRO MEU JALECO PARA LHE EXPLICAR AS 2 TESES METAFÍSICAS QUE SE OPÕEM.
- OU EXISTE UMA INTELIGÊNCIA ORGANIZADORA
- OU ELA NÃO EXISTE.

— MAS ANTES, VISTO DE NOVO MEU JALECO PARA PROPOR ESSA CHARADA AOS SEUS QUERIDOS TELESPECTADORES.

SE A MENSAGEM GENÉTICA DO **PROCARIONTE** ERA DO TAMANHO DE UM SMS, QUAL SERIA A DIMENSÃO DA MENSAGEM GENÉTICA DE UM SER HUMANO?

* FOI NECESSÁRIO ESPERAR MAIS OU MENOS UM BILHÃO DE ANOS PARA QUE APARECESSE UMA NOVIDADE: OS ORGANISMOS COM NÚCLEO DELIMITADO POR ENVOLTÓRIO, OS "EUCARIONTES".

NSOU NO ASSUNTO?
JE DIRIA O SENHOR?
...UM LIVRO INTEIRO?
UM DICIONÁRIO?
UMA ENCICLOPÉDIA DE VÁRIOS VOLUMES?
QUEM DÁ MAIS?
UMA SEÇÃO DE BIBLIOTECA?
PELO MENOS UMA BIBLIOTECA INTEIRA, NÃO É?
VÁRIAS!
A RESPOSTA É: PARA UM SER HUMANO, A MENSAGEM OCUPARIA VÁRIAS BIBLIOTECAS INTEIRAS!
!
E ESSA MENSAGEM GIGANTESCA ESTÁ PRESENTE EM CADA UMA DAS NOSSAS CÉLULAS!!
MAS QUEM INVENTOU ESSA LINGUAGEM DO DNA PARA FAZER O PROCARIONTE?
COM CERTEZA NÃO FORAM AS MOLÉCULAS DE ÁGUA E AS PEDRAS, QUE ESTAVAM SOZINHAS NA TERRA HÁ 3,5 BILHÕES DE ANOS!
E COMO APARECEU ESSA PRIMEIRA FORMA DE VIDA, CUJA LINGUAGEM GENÉTICA AINDA SERVIRÁ PARA O SER HUMANO?
PROFESSOR, TUDO O QUE O SENHOR ENSINA NOS MOSTRA QUE A MATÉRIA NÃO FAZ NADA POR SI MESMA,
ELA NÃO SE VIRA SOZINHA, ELA PRECISA DE UMA MENSAGEM INTELIGENTE...
E NO ENTANTO, O SENHOR DISSE NO INÍCIO:
"ACHO QUE TUDO ISSO SE FEZ DE SI MESMO!"
JÁ QUE A SENHORITA ABORDA UMA PERGUNTA DE INTERPRETAÇÃO FILOSÓFICA, ENTÃO VOU TIRANDO O MEU JALECO.
EU DISSE ISSO PORQUE NÃO TENHO FÉ...
NO ENTANTO, ADMITO EVENTUALMENTE UMA INTELIGÊNCIA CRIADORA, COM A CONDIÇÃO QUE NÃO SEJA O DEUS DA BÍBLIA.
?
AH?!?
POR QUAIS RAZÕES?
PORQUE A GENTE O USA DEMAIS PARA JUSTIFICAR ALGUMAS COISAS...
A GENTE UTILIZA COMO "TAPA-BURACOS" DAS NOSSAS IGNORÂNCIAS.
ESTÁ BEM, PROFESSOR, MAS ESSA INTELIGÊNCIA CRIADORA...
QUE O SENHOR CHAMA DE X, Y OU DEUS...
VAMOS TER, UM DIA, A POSSIBILIDADE DE CONHECÊ-LA?
SERÁ QUE JÁ TEMOS ALGUNS ELEMENTOS?
SE EXISTIR UM CRIADOR X, Y OU Z, NÓS PODEMOS CONHECÊ-LO, PARCIALMENTE, PELA SUA OBRA.
MESMA FORMA QUE NÓS CONHECEMOS MOZART, MOLIÈRE, REMBRANDT PELAS SUAS OBRAS...
MAS SE ELE CRIOU SERES DOTADOS DE INTELIGÊNCIA, ELE NÃO TENTARIA SE RELACIONAR COM ELES?
POR QUE NÃO? É PRECISO PROCURAR SE ISSO ACONTECEU NA HISTÓRIA DA HUMANIDADE. UMA VERDADEIRA PESQUISA, QUE DEVE SER CONDUZIDA DE UM JEITO CIENTÍFICO.
OBRIGADA, PROFESSOR. O NOSSO PROGRAMA ESTÁ ACABANDO.

CAPÍTULO 4

É EXATAMENTE O TEMA DA MINHA INVESTIGAÇÃO: TENTAR SABER SE O UNIVERSO FOI PENSADO POR UMA INTELIGÊNCIA ORGANIZADORA, OU SE A **MATÉRIA** SE ORGANIZA SOZINHA.

ENTÃO VAMOS ANALISAR ESSA QUESTÃO DE UM JEITO RACIONAL: O QUE É O "ACASO"? LEMBRO-O DA DEFINIÇÃO DO DICIONÁRIO:

"Acaso: causa fictícia dos eventos, sujeitos à lei única das probabilidades."

SE NÓS NOS ENCONTRARMOS DAQUI A DOIS MESES EM HONG KONG, VAMOS DIZER: QUE COINCIDÊNCIA!

O QUE VOCÊ ESTÁ FAZENDO AQUI?

E VOCÊ?

PRIMEIRO VOCÊ!

NÓS NÃO ORGANIZAMOS ESSE ENCONTRO. NÃO TEVE INTELIGÊNCIA ORGANIZADORA VISÍVEL.

CAUSA FICTÍCIA: O ACASO!

MAS QUANDO NÓS NOS ENCONTRAMOS NO PORTO PARA PEGAR UM NAVIO, NEM VOCÊ NEM EU FALAMOS QUE FOI O ACASO!

Você está atrasado, quase que nós perdemos o navio!

Foi por causa da greve!

CLARO, PORQUE NÓS TÍNHAMOS ORGANIZADO JUNTOS ESSA VIAGEM... HAVIA ENTÃO UMA INTELIGÊNCIA ORGANIZADORA...

OK! ENTENDO MELHOR A DIFERENÇA.

ÀS VEZES, EXISTE UMA CAUSA INTELIGENTE QUE NÓS IGNORAMOS. ENTÃO FALAMOS QUE "FOI O ACASO", POR IGNORÂNCIA.

ALIÁS, EU NÃO ESTAVA ATRASADO **POR ACASO**, JÁ QUE TINHA UMA CAUSA **INTELIGENTE**: A GREVE.

PARABÉNS, ISSO MESMO! AS PESSOAS PENSAM FREQUENTEMENTE QUE TUDO É CAUSADO PELO **ACASO**: A APARIÇÃO DA VIDA, A EVOLUÇÃO, A APARIÇÃO DO PENSAMENTO...

COMO SE O **ACASO** FOSSE UMA ESPÉCIE DE DIVINDADE.

QUANDO UM CIENTISTA NÃO CONSEGUE CONHECER A CAUSA DE UM EVENTO, ELE DECLARA FREQUENTEMENTE: É O ACASO.

SERIA MAIS JUSTO DIZER A VERDADE OBJETIVA: EU **DESCONHEÇO A CAUSA DISSO**. O ACASO É UMA INTERPRETAÇÃO FILOSÓFICA. NÃO É UMA EXPLICAÇÃO CIENTÍFICA.

CHAMAMOS "ACASO" A IGNORÂNCIA DE UMA CAUSA ORGANIZADORA INTELIGENTE.

É UMA CAUSA FICTÍCIA, COMO DIZ O DICIONÁRIO, UMA FICÇÃO. UM JEITO DE FALAR.

ESSA TENTATIVA DE EXPLICAÇÃO **PELO ACASO** NÃO É NOVA!

ELA VEM DE ALGUNS FILÓSOFOS GREGOS... OS EVOLUCIONISTAS-EVOLUCIONISTAS NÃO INVENTARAM NADA.

PRONTO PARA UM MERGULHO NA QUESTÃO DO **ACASO**?

O Acaso e o Caos.
A teoria dos ATOMISTAS

LEUCIPO, DEMÓCRITO E EPICURO SÃO OS GRANDES TEORISTAS DO ACASO.

ELES VIVIAM NA GRÉCIA, QUATRO SÉCULOS ANTES DE JESUS CRISTO.

SÃO CHAMADOS DE "ATOMISTAS" PORQUE ELES ENSINAM QUE OS ÁTOMOS SE MOVIMENTAM NUM CAOS.

ELES CHAMAM DE "ÁTOMO" A MENOR PARTÍCULA DA MATÉRIA, QUE NÃO DÁ PARA DIVIDIR: ATOMOUS, EM GREGO.

ESSE MITO DA TEORIA DO CAOS ORIGINAL JÁ EXISTIA NAS MAIS ANTIGAS TRADIÇÕES EGÍPCIAS E BABILÔNICAS, 2.000 ANOS ANTES DA NOSSA ERA.

POIS ACHAMOS O VELHO MITO CAOS NA FILOSOFIA GREGA, EM DUAS FORMAS OPOSTAS:

1- OS QUE PENSAM QUE O CAOS (DESORDEM) FOI ORGANIZADO EM COSMOS (ORDEM) POR UMA INTELIGÊNCIA.

2- CONTRA AQUELES PARA OS QUAIS NÃO EXISTE UMA INTELIGÊNCIA ORGANIZADORA: A MATÉRIA SE VIRA SOZINHA (OS ÁTOMOS SE ENCONTRAM POR ACASO).

INCRÍVEL!! É EXATAMENTE O DEBATE ATUAL!

ESSES ÁTOMOS SE ENCONTRAM POR ACASO E ASSIM FORMAM A FLOR, O CAVALO, O HOMEM, TUDO QUE EXISTE...

NÃO HÁ NENHUMA INTELIGÊNCIA ORGANIZADORA!

OS ÁTOMOS EXISTEM EM NÚMERO INFINITO, ELES NÃO TÊM INÍCIO, ELES NÃO PODEM SER CRIADOS E SÃO IMPERECÍVEIS. SÃO ETERNOS.

ELES DISPÕEM DE UM TEMPO INFINITO PARA REALIZAR SUAS COMBINAÇÕES AO ACASO.

DEMÓCRITO
460 a.C.-370 a.C.

EPICURO
342 a.C.-271 a.C.

LEUCIPO
460 a.C.-370 a.C.

ENTÃO, TOM? ESTÁ VENDO OS PRINCÍPIOS QUE SE TORNARAM INCOMPATÍVEIS COM O QUE NÓS HOJE SABEMOS DO UNIVERSO?

E VOCÊ, AMIGO LEITOR?

O ACASO ERA UMA EXPLICAÇÃO POSSÍVEL ENQUANTO AS PESSOAS ACREDITAVAM QUE O TEMPO E A **MATÉRIA** ERAM **INFINITOS**.

PORQUE, DO PONTO DE VISTA ESTATÍSTICO, COM UMA **MATÉRIA INFINITA** E UMA **DURAÇÃO INFINITA**, O ACASO PODE REALIZAR ALGUMAS COMBINAÇÕES.

100 ANOS ATRÁS, AINDA DAVA PARA ACREDITAR NESSE MITO...

MAS HOJE SABEMOS COM CERTEZA: A MATÉRIA NÃO EXISTE EM QUANTIDADE INFINITA E O TEMPO É LIMITADO.

O UNIVERSO NÃO É ETERNO NEM NO PASSADO NEM NO FUTURO, E LOGO QUE A TERRA ATINGIU UMA TEMPERATURA MORNA SUFICIENTE, A VIDA APARECEU MUITO RÁPIDO. (E NÃO DEPOIS DE UM TEMPO INFINITO DE COMBINAÇÕES FEITAS AO ACASO.)

A TEORIA DO ACASO DOS ATOMISTAS SE TORNOU IMPENSÁVEL E MATEMATICAMENTE IMPOSSÍVEL LOGO QUE NÓS LEVAMOS EM CONTA O VERDADEIRO UNIVERSO.

MAS NÃO ACABOU: NÓS VIMOS QUE, PARA OS SERES VIVOS, NÃO É A **MATÉRIA**, NÃO SÃO OS **ÁTOMOS** QUE SE ORGANIZAM SOZINHOS.

ELES OBEDECEM ÀS INSTRUÇÕES DA MENSAGEM GENÉTICA, O DNA.

PARABÉNS, TOM, VOCÊ ACHOU O QUE NÃO FUNCIONA NESSA TEORIA QUE REJEITA UMA INTELIGÊNCIA ORGANIZADORA.

ARISTÓTELES FOI O PRIMEIRO A ENTENDER QUE OS ÁTOMOS OBEDECEM A UM PLANO DE CONSTRUÇÃO. ELE DIZIA AOS ATOMISTAS:

A MATÉRIA É INCAPAZ DE DAR A SI MESMA A SUA PRÓPRIA INFORMAÇÃO.

PARA PASSAR DO CAOS AO COSMOS, É PRECISO UMA INTELIGÊNCIA ORGANIZADORA.

SENHORES FILÓSOFOS! OS SENHORES JÁ EXAMINARAM DE PERTO A ESTRUTURA DE UMA SIMPLES SAMAMBAIA?

DÁ PARA VER QUE NÃO! PORQUE AQUELE QUE FAZ ESSA OBSERVAÇÃO...

...ENTENDE LOGO QUE UMA TAL ORGANIZAÇÃO NÃO PODE SER O FRUTO DO ACASO!

CADA SER VIVO É CONSTITUÍDO DE DUAS PARTES:
- O QUE ENTRA NA COMPOSIÇÃO: A MATÉRIA MÚLTIPLA (OS ÁTOMOS)
- O QUE COMPÕE ESSES ÁTOMOS E DESAPARECE NA MORTE.

ESSE PENSAMENTO ORGANIZADOR, QUE COMPÕE TODO SER VIVO, EU O CHAMO DE "PSYCHÉ".

ARISTÓTELES 384 a.C.-32[...]

COMO ARISTÓTELES CONSEGUIU ADIVINHAR QUE OS SERES VIVOS NÃO SÃO SOMENTE **MATÉRIA**, MAS QUE ELES SÃO ORGANIZADOS POR UM PENSAMENTO?

ARISTÓTELES NÃO ADIVINHOU, ELE ENTENDEU ISSO, FAZENDO **EXPERIÊNCIAS** EM SERES VIVOS.

PEGUE UMA SERPENTE VIVA...

MEÇA-A.

PESE-A...

SOBRETUDO, ANOTE TUDO.

SERPENTE
VIVA
COMPRIMENTO: 63CM
PESO: 1,85 KG

E AÍ VOCÊ A MATA.

(NÃO GOSTO DESSA PARTE.)

MEÇA-A DE NOVO, É MAIS FÁCIL, JÁ QUE ELA NÃO SE MEXE MAIS. (ANOTE ISSO TAMBÉM.)

PESE-A DE NOVO. TUDO BEM? VOCÊ ESTÁ ACOMPANHANDO?

SOBRETUDO, ANOTE TUDO. COMO EU JÁ DISSE.

SERPENTE
VIVA
COMPRIMENTO: 63CM
PESO: 1,85 KG
MORTA

NA SUA OPINIÃO, ENTRE A SERPENTE VIVA E A SERPENTE MORTA, TEM ALGUMA DIFERENÇA DE PESO, DE TAMANHO?

É ISSO, BOBÃO, A DIFERENÇA É QUE UMA ESTÁ MORTA. PARABÉNS! PEÇO UM MOMENTO DE REFLEXÃO. PODE SER, DESTA VEZ?

RESPOSTA: NÃO TEM NENHUMA DIFERENÇA. E OBSERVAMOS O MESMO FENÔMENO PARA TODOS SERES VIVOS. NÃO TEM UMA DIFERENÇA DE 21 GRAMAS, COMO ALGUNS DIZEM.

21 GRAMAS, ISSO É O PESO DO SEU CÉREBRO, BOBÃO!

ENTÃO, NUMA PRIMEIRA FASE, TODA MATÉRIA AINDA ESTÁ LÁ. SÃO OS MESMOS ÁTOMOS, ESTEJA A SERPENTE VIVA OU MORTA. (PESO E DIMENSÕES IDÊNTICAS).

VERIFIQUE SE VOCÊ TEM TODOS OS SEUS ÁTOMOS, BOBÃO!

MAS ESSES ÁTOMOS QUE ESTAVAM ORGANIZADOS NUM ORGANISMO, QUE ERAM COMPOSTOS, VÃO SE "DE-COMPOR" PORQUE O PRINCÍPIO ORGANIZADOR SAIU NA HORA DA MORTE.

CONCLUO DISSO QUE TODO SER VIVO É CONSTITUÍDO DE ÁTOMOS QUE SÃO ORGANIZADOS, **INFORMADOS**, POR UM PRINCÍPIO ORGANIZADOR QUE EU CHAMO *psyché*, EM GREGO, CHAMADO *anima*, EM LATIM,

"alma", EM PORTUGUÊS.

NÃO PODEMOS MAIS, COMO PLATÃO, OPOR **A ALMA E O CORPO** PORQUE, NA REALIDADE, O CORPO é a *alma*, que organiza os átomos PARA CONSTITUIR O ORGANISMO.

É ENTÃO MAIS JUSTO OPOR a alma e os átomos.

QUANDO A ALMA NÃO EXISTE MAIS, NÃO EXISTE MAIS CORPO. SOBRA APENAS UMA APARÊNCIA DE CORPO.

ENTÃO, MESMO SE A MATÉRIA FOSSE ETERNA E EM QUANTIDADE INFINITA, COMO ACREDITAVAM OS ATOMISTAS, DÁ PARA VER QUE NÃO É ELA QUE PODE EXPLICAR A EXISTÊNCIA DE SERES COMO A FLOR, O COELHO, O HOMEM. A MATÉRIA É PASSIVA, ELA É ORGANIZADA EM ORGANISMO PELA MENSAGEM GENÉTICA, COMO DIZ ARISTÓTELES.

SAIBA QUE OS HEBREUS DIZIAM A MESMA COISA QUE ARISTÓTELES, SEM TER FEITO EXPERIÊNCIAS, MAS SOMENTE PELA GENIALIDADE DO IDIOMA DELES.

EM HEBRAICO, NÃO EXISTE UMA PALAVRA PARA DIZER SÓ "O CORPO"... ...TEMOS A PALAVRA **BASSAR** QUE SIGNIFICA "O CORPO ANIMADO", QUER DIZER "A PESSOA INTEIRA".

QUANDO A PESSOA ESTÁ MORTA, A ALMA NÃO EXISTE MAIS. NÃO É MAIS UM "CORPO ANIMADO". AÍ NÃO PODEMOS MAIS DIZER "O CORPO". EXISTE UMA OUTRA PALAVRA PARA DIZER "CADÁVER".

O "CORPO-**BASSAR**" É A PESSOA INTEIRA: "CORPO E ALMA", COMO NÓS DIZEMOS EM PORTUGUÊS.

SIM, TODOS OS SERES VIVOS: PLANTAS, ANIMAIS, SERES HUMANOS SÃO almas vivas...

AS PLANTAS E OS ANIMAIS TÊM UMA ALMA?

CUIDADO!

ELES NÃO TÊM UMA ALMA: ELES **SÃO**, CADA UM, UMA ALMA QUE ANIMA A MATÉRIA.

A DIGNIDADE DO HOMEM É QUE, ALÉM DO MAIS, DEUS PÕE NELE UM **ESPÍRITO** PARA DIALOGAR COM DEUS, QUE É ESPÍRITO.

ENTÃO, PELA BÍBLIA, DEUS, QUE É ESPÍRITO, NOS DÁ UM ESPÍRITO.

MEU CARO TOM, VAMOS VOLTAR A ARISTÓTELES, QUE ENTÃO ELABOROU A SUA **TEORIA DA INFORMAÇÃO**. ELA FOI CONFIRMADA PELA DESCOBERTA RECENTE DO DNA.

EM FRANCÊS, A PALAVRA **INFORMAÇÃO** ("INFORMATION") PODE TER DOIS SENTIDOS:

INFORMAR É COMUNICAR UMA MENSAGEM, UMA INSTRUÇÃO.

TAMBÉM É DAR UMA FORMA A UMA ESCULTURA (por exemplo).

ARISTÓTELES ENTENDEU QUE CADA ORGANISMO VIVO, PLANTA, ANIMAL, HOMEM, ESTÁ SENDO "INFORMADO" POR UMA ALMA QUE ORGANIZA A MATÉRIA PARA "ESCULPIR" ESSE ORGANISMO...

E DESDE A DESCOBERTA DO DNA SABEMOS QUE A MENSAGEM "INFORMA" A MATÉRIA NOS DOIS SENTIDOS DA PALAVRA:
- DANDO UMA FORMA (ESCULPIR),
- COMUNICANDO INSTRUÇÕES.

NO SÉC. XIX, CLAUDE BERNARD TEVE A SEGUINTE INTUIÇÃO:

UM SER VIVO É UMA IDEIA DIRETRIZ.

NÃO HÁ "A ALMA E O CORPO", HÁ "A ALMA E A MATÉRIA" (QUE CONSTITUEM O ORGANISMO).

CLAUDE BERNARD
1813-1878

ARISTÓTELES E CLAUDE BERNARD TINHAM ACERTADO, E NÓS SABEMOS AGORA QUE NÃO SOMENTE OS SERES VIVOS SÃO ORGANIZADOS, COMPOSTOS, INFORMADOS POR UMA MENSAGEM, MAS TAMBÉM QUE, NO UNIVERSO, **TUDO É INFORMAÇÃO**.

E NO UNIVERSO TUDO SE EFETUA POR COMUNICAÇÃO DE INFORMAÇÃO.

NO UNIVERSO, TUDO SE EFETUA POR COMUNICAÇÃO DE INFORMAÇÃO.

ISSO É O QUE AS CIÊNCIAS DA NATUREZA E DO UNIVERSO NOS ENSINAM JÁ FAZ 60 ANOS....

E É TAMBÉM O QUE DIZEM OS PROFETAS HEBREUS NA BÍBLIA, JÁ FAZ 3.000 ANOS!

INFORMAR É COMUNICAR UMA MENSAGEM, QUE É UM PLANO DE CONSTRUÇÃO.

TUDO FOI CRIADO POR UMA PALAVRA: UMA MENSAGEM!

NA NATUREZA E NO UNIVERSO INTEIRO, TUDO É COMPOSIÇÃO, ESTRUTURA, INFORMAÇÃO. UM ÁTOMO É UMA COMPOSIÇÃO. UMA MOLÉCULA É UMA COMPOSIÇÃO DE ÁTOMOS... UM SER VIVO É UMA COMPOSIÇÃO.

UMA NOVA ESPÉCIE VIVA (UM NOVO GRUPO ZOOLÓGICO) É UM NOVO CAPÍTULO GENÉTICO QUE É INVENTADO, COMUNICADO E ACRESCENTADO ÀS MENSAGENS EXISTENTES...

ARISTÓTELES TERIA FICADO RADIANTE AO SABER EM QUE PONTO A TEORIA DA INFORMAÇÃO SERIA CONFIRMADA 300 ANOS MAIS TARDE...

FICARIA BEM SURPRESO AO OUVIR O DISCURSO DOS EVOLUCIONISTAS-EVOLUCIONISTAS, QUE NÃO EVOLUIU DESDE OS ATOMISTAS, E A CRENÇA DELES NO ACASO, E AOS QUAIS ELE FALAVA:

SENHORES, VOCÊS ESTÃO "SOFRENDO DE **MANIA**"! (LOUCURA EM GREGO.)

UMA VEZ QUE ALGUÉM ENTENDE A SUA TEORIA DA INFORMAÇÃO, FICA MUITO DIFÍCIL PERMANECER CRENTE-PRATICANTE DO **ACASO**.

Nota para os especialistas. O contrário do ACASO não é o determinismo, mas a inteligência.

É CLARO QUE VÁRIOS EVENTOS ACONTECEM "POR ACASO", QUER DIZER: "SEM SER PLANEJADOS POR UMA INTELIGÊNCIA ORGANIZADORA", MAS A AUSÊNCIA DE INTELIGÊNCIA NÃO DÁ CONTA DA INVENÇÃO E DA EXISTÊNCIA DE MENSAGENS CADA VEZ MAIS COMPLEXAS, ATÉ A CRIAÇÃO DE CÉREBROS CAPAZES DE INTELIGÊNCIA E PENSAMENTO.

DESDE O INÍCIO DA VIDA (há 3,5 bilhões de anos), A HISTÓRIA DA EVOLUÇÃO DAS ESPÉCIES É COMPARÁVEL À HISTÓRIA DE UM JOGADOR QUE COMEÇA A APOSTAR NUM CASSINO...

OBSERVAMOS UM ENRIQUECIMENTO DE INFORMAÇÃO.

VAMOS VER SE TENHO SORTE...

NO INÍCIO, ELE GANHA UM POUCO DE DINHEIRO, DEPOIS ELE COMEÇA A GANHAR CADA VEZ MAIS RÁPIDO SOMAS CADA VEZ MAIS ALTAS...

35!!

O ACASO FAZ BEM AS COISAS!

A evolução do princípio do carrinho de mão:

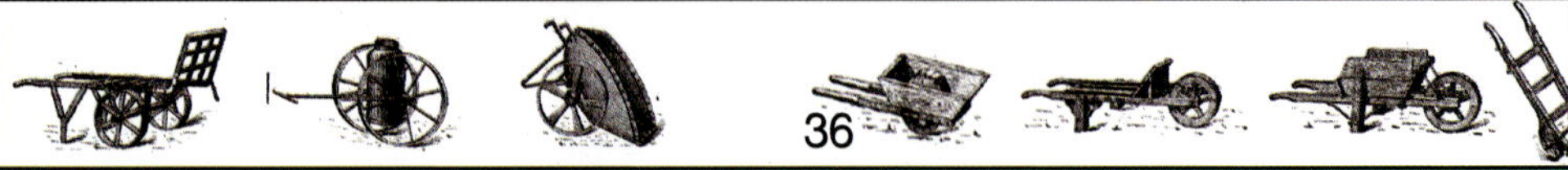

Podemos constatar que esses dois últimos são primos, eles têm um antepassado c
O acaso não tem nenhum mérito
mutações sucessivas que exigem int

CAPÍTULO 5

MEU CARO TOM, VOCÊ PRECISA SABER SE LOCALIZAR ENTRE AS GRANDES CORRENTES DO PENSAMENTO QUE MOLDAM TODA HUMANIDADE DESDE A ANTIGUIDADE ATÉ HOJE EM DIA.

O PONTO DE PARTIDA É A ANÁLISE GENIAL DO GREGO PARMÊNIDES, NO SÉC. V ANTES DA NOSSA ERA...

PARMÊNIDES DEMONSTROU A IMPOSSIBILIDADE DO NADA ABSOLUTO.

AÍ QUE ACONTECE ALGO EXTRAORDINÁRIO: TODOS OS FILÓSOFOS DO MUNDO CONCORDAM NESSE PONTO.

TODOS CONCORDAM!!!

SIM, MAS LOGO DEPOIS COMEÇAM AS DISCORDÂNCIAS.

VOCÊ VAI ASSISTIR AO NASCIMENTO DAS 4 GRANDES CORRENTES DE PENSAMENTO SOBRE O UNIVERSO E O HOMEM: SÃO AS ÚNICAS!

AS ÚNICAS? SÓ TEM 4?!

MAS PRIMEIRO VAMOS VER O RACIOCÍNIO DE PARMÊNIDES:

SE UM NADA ABSOLUTO TIVESSE EXISTIDO ANTES DO UNIVERSO, ESSE VAZIO AINDA ESTARIA AQUI E NÃO TERIA NENHUM UNIVERSO.

PORQUE NADA PODE SAIR DO NADA ABSOLUTO, ELE É NECESSARIAMENTE ESTÉRIL.

SENÃO ELE NÃO SERIA REALMENTE UM NADA ABSOLUTO.

CHAMO NADA ABSOLUTO A AUSÊNCIA DE TODA MATÉRIA (ATÉ NA FORMA DE GERME), E DE TODO ESPÍRITO.

MAS UMA VEZ QUE HOJE EXISTE UM UNIVERSO FEITO DE MATÉRIA, E UMA VEZ QUE ESSE UNIVERSO NÃO PODE TER SAÍDO DO NADA ABSOLUTO, ENTÃO: ESSE UNIVERSO SEMPRE ESTEVE AQUI.

1. ENTÃO NUNCA EXISTIU UM NADA ABSOLUTO.

2. ENTÃO SEMPRE EXISTIU A MATÉRIA: ELA É ETERNA.

PORTANTO É A MATÉRIA QUE É "O SER NECESSÁRIO", QUE EU TAMBÉM CHAMO DE "O SER ABSOLUTO", PORQUE ELE NÃO ESTÁ SUJEITO A NENHUMA RELAÇÃO DE DEPENDÊNCIA.

ESSE SER NECESSÁRIO ESCAPA, POR DEFINIÇÃO
- A TODO INÍCIO E FIM
- A TODA EVOLUÇÃO: ELE NÃO MUDA
- A TODA DEPENDÊNCIA
- A TODO DESGASTE OU CORRUPÇÃO

TODOS OS FILÓSOFOS DO MUNDO CONCORDAM COM PARMÊNIDES NO PONTO 1: NUNCA EXISTIU O NADA ABSOLUTO. ENTÃO TODOS CONCORDAM COM A EXISTÊNCIA ETERNA DE UM SER NECESSÁRIO.

MAS AS DISCORDÂNCIAS COMEÇAM NO PONTO 2: QUEM É ESSE SER? A GRANDE QUESTÃO ESSENCIAL É: QUEM OU O QUE É ESSE SER QUE SEMPRE EXISTIU? (Porque ele não poderia ter surgido do nada absoluto.) ...E QUE CHAMAMOS DE SER NECESSÁRIO.

NA HISTÓRIA DO PENSAMENTO, DESDE A ANTIGUIDADE ATÉ HOJE EM DIA, SÓ EXISTEM 4 RESPOSTAS A ESSA PERGUNTA.

O OBJETIVO É VER SE UMA OU OUTRA DESSAS 4 RESPOSTAS É COMPATÍVEL COM O QUE NÓS SABEMOS DO UNIVERSO REAL E DO HOMEM.

ENTÃO, VAMOS VER AGORA ESSAS 4 GRANDES CORRENTES DO PENSAMENTO?

VAMOS.

As quatro grandes correntes do pensamento:

EXISTEM 2 GRANDES CORRENTES MATERIALISTAS,

UMA GRANDE CORRENTE ESPIRITUALISTA,

E A QUARTA, HUM... VOCÊ VAI VER.

A MATÉRIA É O SER ABSOLUTO.

O CAOS É O SER ABSOLUTO.

UM ESPÍRITO É O SER ABSOLUTO.

SÓ EXISTE O UNIVERSO. A MATÉRIA É
- ETERNA
- SEM EVOLUÇÃO
- SEM MUDANÇA
- SEM DESGASTE NEM FIM.

SÓ EXISTE O CAOS ETERNO. OS ÁTOMOS SÃO
- ETERNOS
- SEM EVOLUÇÃO
- SEM MUDANÇA
- SEM DESGASTE NEM FIM.

SÓ EXISTE O ESPÍRITO. O MUNDO ATUAL É ILUSÃO: ELE RESULTA DE UMA TRAGÉDIA E DE UMA QUEDA. SEGUNDO AS VARIANTES, A MATÉRIA É OU UMA ILUSÃO, OU É MÁ, MAS ELA SEMPRE É O ÚLTIMO GRAU DA DECADÊNCIA.

É EVIDENTE. — **Parmênides**

IGUAL A ELE, MAS PARA A GENTE, O SER ABSOLUTO, MATERIAL, ESTÁ SENDO PULVERIZADO NOS ÁTOMOS. — **Demócrito**

A SUA MATÉRIA E OS SEUS ÁTOMOS NÃO SÃO NEM UM POUCO ETERNOS! — **Platão**

JÁ QUE O SER ABSOLUTO NÃO PODE NASCER DO VAZIO, ELE É NECESSARIAMENTE ETERNO!

A MATÉRIA É O SER ABSOLUTO.
ESSA É A IDEIA DO PARMÊNIDES. ACHAMOS ESSE "MATERIALISMO" EM MARX E ENGELS, SARTRE E TODOS AQUELES QUE REIVINDICAM O ATEÍSMO.

O CAOS É O SER ABSOLUTO.
PARA OS ATOMISTAS: NÃO TEM INTELIGÊNCIA ORGANIZADORA. ACHAMOS ESSE TEMA DO ACASO NOS EVOLUCIONISTAS-EVOLUCIONISTAS.

(PARA ARISTÓTELES, UMA INTELIGÊNCIA É NECESSÁRIA).

O SER ABSOLUTO É UM DEUS.
ESSE É O PENSAMENTO DA ÍNDIA ANTIGA E DE PLATÃO. PODEMOS ENCONTRÁ-LA EM TODAS AS GNOSES* E NOS "IDEALISTAS": HEGEL, FICHTE...

TUDO FICA MAIS CLARO!

MATÉRIA — CAOS — DIVINO

DESCULPE, MAS SUAS TEORIAS NÃO TÊM PÉ NEM CABEÇA!

EIS AQUI O PEQUENO POVO HEBREU CHEGANDO...

*GNOSE: CONHECIMENTO RESERVADO AOS INICIADOS. VOLTAREMOS A ESSE ASSUNTO NO PRÓXIMO LIVRO.

MAS CADÊ A QUARTA GRANDE CORRENTE DE PENSAMENTO?

VOCÊ VAI VER... ESCUTE SÓ:

NUNCA HOUVE UM NADA PORQUE SEMPRE EXISTIU UM SER VIVO E PENSANTE. É ELE O SER ABSOLUTO, QUEM PODE DIZER: "EU SOU".

NÃO É a matéria QUE É:
- ETERNA
- SEM EVOLUÇÃO
- SEM MUDANÇA
- SEM DESGASTE NEM FIM.
É ELE.

A matéria NÃO É UMA ILUSÃO, ELA NÃO É "MÁ", ELA É BOA.

A matéria NÃO É ETERNA. ELA TEM UM INÍCIO, UMA HISTÓRIA, UM DESGASTE E ELA TERÁ UM FIM.

ELA FOI CRIADA.

O UNIVERSO E TUDO O QUE ELE CONTÉM: TUDO FOI CRIADO EM VÁRIAS ETAPAS.

HÁ DOIS TIPOS DE SER. DISTINGUIMOS O SER NÃO CRIADO E OS SERES CRIADOS.

VOCÊS TODOS REJEITAM ESSA DISTINÇÃO FUNDAMENTAL. VOCÊS REJEITAM ENTÃO TODA NOÇÃO DE CRIAÇÃO E DE NOVIDADE.

É ISSO QUE FALA A NOSSA BÍBLIA.

VOCÊS TODOS FALAM COISAS ESTRANHAS.

O QUÊ? É DELE QUE VEM A QUARTA GRANDE CORRENTE DO PENSAMENTO? DO... DO **POVO HEBREU**!?!

É. VAMOS DIZER, PARA SER MAIS EXATO: DO PROFETISMO HEBRAICO.

PORQUE, SEM SABER, OS PROFETAS HEBREUS TRATAVAM DE FILOSOFIA E METAFÍSICA.

ALIÁS, SEM SABER, TODO MUNDO FAZ METAFÍSICA.

CADA UM ESCOLHE UMA DESSAS 4 GRANDES CORRENTES.

POR EXEMPLO, AQUELE QUE DIZ: "eu escolho o ateísmo"...

SABENDO OU NÃO, ELE DECLARA, ENTÃO: Só existe o universo. (PORQUE SE O UNIVERSO NÃO FOI CRIADO, ELE ESTÁ SÓ) VOCÊ ESTÁ ACOMPANHANDO O RACIOCÍNIO?

Então: o Universo É o SER ABSOLUTO. ELE É ETERNO. (PORQUE ELE NÃO PÔDE SAIR DO NADA.)

PARA AQUELE QUE ESCOLHE O ATEÍSMO, A MATÉRIA NÃO FOI CRIADA,

A MATÉRIA ENTÃO É:
- ETERNA
- SEM INÍCIO
- SEM EVOLUÇÃO
- SEM MUDANÇA
- SEM DESGASTE NEM FIM.

PARA OS CONHECEDORES.
do Parmênides, o SER ABSOLUTO
mudança, porque ele não pode se dar o que ele não
nem receber de um outro, uma vez que ele está só.
disso, as gnoses conjecturam modificações do absoluto.
l considera o Absoluto *em transformação*.)

ATÉ MEADOS DO SÉCULO XX, AINDA DAVA PARA ACREDITAR NESSE MITO DA **MATÉRIA** ETERNA.

COM A TEORIA DA EVOLUÇÃO, DARWIN TROUXE UMA REVOLUÇÃO CONSIDERÁVEL. MAS O QUE ELE IGNORAVA É QUE UMA OUTRA EVOLUÇÃO ANTECEDIA A DOS SERES VIVOS.

ANTES DA APARIÇÃO DA VIDA NA TERRA, A MATÉRIA EM SI EVOLUIU DE UMA FORMA MAIS SIMPLES ATÉ UMA MAIS COMPLEXA.

O QUÊ???

A MATÉRIA... EVOLUIU? VOCÊ... VOCÊ QUER DIZER: OS ÁTOMOS EVOLUÍRAM?

É CLARO, TOM! OS ÁTOMOS NEM SEMPRE ESTIVERAM AQUI.

O QUÊ?!? OS ÁTOMOS TÊM UM INÍCIO?!

MEU CARO TOM, OS NOSSOS AMIGOS ATOMISTAS DE ONTEM E DE HOJE VÃO TER QUE REVER AS SUAS TEORIAS.

Você lembra da tabela periódica de Mendeleïev?

EU SOU DMITRI MENDELEÏEV. EM 1869, EU CONSTRUÍ UMA CLASSIFICAÇÃO DOS ÁTOMOS NUMA TABELA QUE LEVA O MEU NOME. A GENTE ESTUDA ISSO NA ESCOLA HOJE EM DIA.

ESTÃO VENDO? ELES SÃO CLASSIFICADOS DE MANEIRA LÓGICA, DE 1 ATÉ 103, SEGUNDO O NÚMERO ATÔMICO DE CADA UM DELES, QUE CORRESPONDE AO NÚMERO DE PRÓTONS...

QUER DIZER: DO MAIS SIMPLES ATÉ O MAIS COMPLEXO... ESTAMOS DE ACORDO?

ENTÃO, ACONTECE QUE, NO SÉC. XX, MEUS SUCESSORES VÃO FAZER UMA DESCOBERTA REVOLUCIONÁRIA: MINHA TABELA NÃO É SOMENTE LÓGICA...

...COMO É **CRONOLÓGICA**!! SAIBA QUE O NÚMERO DE CADA ÁTOMO CORRESPONDE À SUA ORDEM DE SURGIMENTO NA HISTÓRIA DO UNIVERSO!

SE PREFERIREM, ESTÃO ORDENADOS PELA "ORDEM DE ENTRADA EM CENA"!

E EU NÃO SABIA DISSO: NO SÉCULO XIX, ERA RACIONAL ACREDITAR QUE OS ÁTOMOS ERAM ETERNOS.

O PRIMEIRO, APARECIDO LOGO APÓS O BIG BANG, É O ÁTOMO DE HIDROGÊNIO. ELE É O MAIS SIMPLES E O MAIS ANTIGO: ELE TEM 13,7 BILHÕES DE ANOS. N° 1...

E DEPOIS DO HIDROGÊNIO VEM O HÉLIO, O NÚMERO 2, QUE É UM POUCO MAIS COMPLEXO...

...E ASSIM SUCESSIVAMENTE. OS ÁTOMOS MAIS ANTIGOS SÃO "FABRICADOS" EM ESTRELAS COMO O NOSSO SOL, QUEIMANDO O SEU HIDROGÊNIO E O TRANSFORMANDO EM HÉLIO DESSE JEITO.

OS ÚLTIMOS ÁTOMOS DA TABELA SÃO MUITO MAIS RECENTES: SÃO SINTETIZADOS DENTRO DE PLANETAS OBSCUROS.

EU TAMBÉM NÃO SABIA DISSO!!

UM COMEÇO E UMA EVOLUÇÃO DA **MATÉRIA**!! UMA HISTÓRIA DOS ÁTOMOS!!!

INCRÍVEL! NÃO SE NUNCA D...

DMITRI MENDELEÏEV
1834-1907

MAS ENTÃO!! JÁ QUE OS ÁTOMOS E A MATÉRIA NÃO SÃO ETERNOS, AS 2 METAFÍSICAS MATERIALISTAS VIRAM A DESTRUIÇÃO DOS SEUS FUNDAMENTOS ESSENCIAIS!

É ISSO. POR ESSA RAZÃO, OS QUE QUEREM APESAR DE TUDO ACREDITAR NO **MATERIALISMO** UTILIZAM UMA SOLUÇÃO JÁ ANTIGA: O MITO DO "ETERNO RETORNO".

BASTA DECLARAR QUE A MATÉRIA É ETERNA EM OUTROS UNIVERSOS, QUE PRECEDERAM O UNIVERSO ATUAL.

É PRÁTICO, POIS NINGUÉM JAMAIS PODERÁ VERIFICAR!

QUE ESTRANHO! O PROGRESSO DAS CIÊNCIAS EXPERIMENTAIS PERMITE ÀQUELES QUE PROCURAM, SE BASEANDO NO REAL, DISTINGUIR O VERDADEIRO DO FICTÍCIO E DESTRUIR OS MITOS.

E ESSA REVOLUÇÃO NO CONHECIMENTO CONDUZ OUTROS A UM RETORNO ÀS CRENÇAS!

MESMO SE A **MATÉRIA** JÁ EXISTISSE EM OUTROS UNIVERSOS, UMA COISA DA QUAL NÃO TEMOS NENHUM TRAÇO, ISSO NÃO IMPEDE QUE NÓS CONSTATEMOS UMA VERDADEIRA GÊNESE DOS ÁTOMOS E DO UNIVERSO INTEIRO.

NO NOSSO UNIVERSO, CUJA HISTÓRIA NÓS CONHECEMOS AGORA, ASSISTIMOS A UMA SÉRIE DE COMEÇOS.

COMEÇO DOS ÁTOMOS DE HIDROGÊNIO, DEPOIS COMEÇO DE CADA TIPO DE ÁTOMOS QUE NÃO EXISTIAM ANTES...

COMEÇO DAS ESTRELAS, COMEÇO DAS GALÁXIAS, COMEÇO DOS PLANETAS...

NO NOSSO PLANETA, 10 BILHÕES DE ANOS DEPOIS DO PRIMEIRO ÁTOMO: O COMEÇO DA VIDA, UMA NOVIDADE IMPREVISÍVEL.

E DEPOIS, OUTRA ETAPA IMPREVISÍVEL: O COMEÇO DO PENSAMENTO...

A GENTE VÊ QUE O UNIVERSO É CONSTRUÍDO EM ETAPAS. DEVO SALIENTAR QUE OS HEBREUS SÃO OS ÚNICOS QUE O AFIRMARAM, HÁ MAIS DE 3.000 ANOS. ELES SÃO OS PRIMEIROS A NOS RELATAR, NA BÍBLIA, UMA HISTÓRIA DO UNIVERSO QUE SE PASSA POR ETAPAS, DO MAIS SIMPLES AO MAIS COMPLEXO.

ALIÁS, IMAGINE SÓ QUE OS PARTIDÁRIOS DE OUTRAS METAFÍSICAS OS REPREENDERAM POR TER ESSA VISÃO DE CRIAÇÃO POR ETAPAS!!

EU VOU TE CONTAR...

CAPÍTULO

NO SÉC. IV, ALGUNS FILÓSOFOS IAM ENCONTRAR BISPOS E RABINOS PARA DIZER:

— O SEU DEUS NÃO É MUITO PODEROSO, ELE É UM POUCO INCOMPETENTE!
— HA HA HA!
— AH, É? POR QUE O SENHOR DIZ ISSO?

— É ISSO O QUE A GENTE LÊ NA SUA BÍBLIA! HA HA HA! ESSE DEUS NEM É CAPAZ DE CRIAR O UNIVERSO DE UMA VEZ SÓ!
— ESTÁ ESCRITO PRETO NO BRANCO!

— ELE TEM QUE SE APLICAR VÁRIAS VEZES! ELE PRECI[SA] DE 6 DIAS! NÃO É UM DEUS DIGNO DESSE NOME. HA HA HA! ELE NÃO É PODEROSO O BASTANTE PARA CRIAR TUDO SIMULTANEAMENTE!
— NEM 2 VEZES NEM 3 VEZES ...6 VEZES!
— E ISSO O DEIXA CANSADO!! DEPOIS DESSA FAÇANHA, ELE FAZ O QUÊ? ELE DES-CAN-SA!

OS PROFETAS SEMPRE FALARAM QUE O UNIVERSO NÃO FOI CRIADO DE UMA VEZ SÓ. ELES NOS CONTAM QUE FOI FEITO EM ETAPAS SUCESSIVAS COM BASE EM ALGO QUE NÓS CONHECEMOS: A SEMANA LITÚRGICA JUDAICA DE 6 DIAS E O DESCANSO DO SHABAT.

— POIS É, HA HA...
— É ISSO.
— POR QUE UMA CRIAÇÃO POR ETAPAS?
— NÃO SABEMOS. DEUS NÃO DEU EXPLICAÇÃO AOS PROFETAS SOBRE ESSE ASSUNTO.

VOCÊ PERCEBE? AINDA BEM QUE OS JUDEUS E OS CRISTÃOS NÃO CORRIGIRAM A BÍBLIA SEGUNDO ESSA IDEIA DE CRIADOR TODO-PODEROSO, QUE VINHA DE OUTRAS FILOSOFIAS!

PORQUE NÓS CONSTATAMOS HOJE QUE O UNIVERSO ATUAL É EFETIVAMENTE O RESULTADO DE UMA SÉRIE DE COMEÇOS, QUE SÃO NA VERDADE ETAPAS!

NO COMEÇO DO SÉC. XX, NO APOGEU DO DEBATE EVOLUCIONISTAS-CRIACIONISTAS, ALGUÉM CONSEGUE ENFIM ESCLARECER ESSE FALSO PROBLEMA: O FILÓSOFO BERGSON, COM SEU LIVRO DE 1907, *A evolução criadora*.

ELE ENTENDE QUE
Criação e evolução querem dizer a mesma coisa, mas de pontos de vista diferentes.

A evolução é a criação vista a partir do universo, onde nós observamos invenção e desenvolvimento ao passar do tempo.

A criação é um conceito metafísico que considera a operação do ponto de vista de um ato criador.

O PALEÓLOGO, TEÓLOGO E FILÓS[OFO] TEILHARD DE CHARDIN (SJ) ESPECIF[ICA]:
"A evolução não é *criadora* como ciência chegou a acreditar, mas e[sim] pela nossa experiência, a expres[são] da criação, no tempo e no espaç[o]"

HENRI BERGSON 1859-1941

Pierre Teilhard de Chardin 1881-1955

EVOLUÇÃO E CRIAÇÃO ESTÃO SITUADAS EM DOIS PLANOS DIFERENTES DO CONHECIMENTO (VER P. 22) QUE SÃO, APESAR DE TUDO, INDISSOCIÁVEIS, PORQUE FALAM DO MESMO UNIVERSO.

*PIERRE TEILHARD DE CHARDIN, *O LUGAR DO HOMEM NO UNIVERSO*, 19[--]

ENTÃO, A EVOLUÇÃO É A CRIAÇÃO QUE SE DESENVOLVE POR ETAPAS!!

SIM, E AINDA NÃO ACABOU! BERGSON TAMBÉM MOSTROU ALGO QUE PODE SURPREENDER:

A Criação não acabou, ela continua. Não somente a Criação não se fez de uma vez só, como ela não está terminada! O tempo mede a Criação, que está a se realizar debaixo dos nossos olhos.

COMO UMA SINFONIA SE DESENVOLVENDO, OU UMA PINTURA SENDO CRIADA CONOSCO, A CRIAÇÃO NÃO ESTÁ CONGELADA NO PASSADO. NOVIDADES PASSAM A EXISTIR...

APESAR DE TUDO, A BÍBLIA FALA QUE DEUS DESCANSA NO 7° DIA!

É VERDADE, ESTAMOS ACOSTUMADOS A LER ISSO NAS NOSSAS TRADUÇÕES, MAS A QUESTÃO É SABER SE O 7° DIA FICA NO PASSADO OU NO FUTURO...

PORQUE O MUNDO FOI CRIADO, ELE É CRIADO, E ELE SERÁ CRIADO ATÉ A SUA CONCLUSÃO.

É O VERBO HEBRAICO CRIAR, NO ASPECTO IMPERFECTIVO.

MAS "DEUS CONTINUA TRABALHANDO", COMO LEMBRA JESUS EM JOÃO 5...

A CRIAÇÃO, INACABADA? MAS AS PESSOAS SÃO APEGADAS DEMAIS AOS SEUS HÁBITOS PARA OUVIR O QUE VOCÊ DIZ!!

NO ENTANTO, NÃO SOU EU QUE FALO: É UM PAPA, NOVAMENTE!

O PRÓPRIO PAPA BENTO XVI DECLAROU ISSO DURANTE A SUA VINDA A PARIS... NO COLÉGIO DOS BERNARDINOS, NO DIA 12 DE SETEMBRO DE 2008.

"A Criação ainda não está terminada."

E ELE CITOU JOÃO 5: "DEUS TRABALHA CONTINUAMENTE..."

DEPOIS, NO 31 DE OUTUBRO DE 2008:

"Não existe incompatibilidade entre Criação e evolução."

VOCÊ SABIA QUE OS ASTROFÍSICOS OBSERVAM O NASCIMENTO DE NOVOS SÓIS? O NOSSO JÁ ESTÁ NA 2ª OU 3ª GERAÇÃO...

DESCOBRIMOS QUE A CRIAÇÃO AINDA NÃO ACABOU.

ALIÁS, QUANTO AO ASSUNTO DO SOL, OS HEBREUS FORAM ALVO DE MUITAS ZOMBARIAS:

HE! VOCÊS SÃO RUINS PARA CARAMBA! ACHEI MAIS UMA COISA MEIO DOIDA NA SUA BÍBLIA: O SOL (HA HA HA!)... VOCÊS DIZEM QUE ELE FOI CRIADO QUANDO? O SOL.

NO QUARTO DIA, POR QUÊ?

OK, ESTÁ ESCRITO NA SUA BÍBLIA, TÁ BOM. E A LUZ? (HA HA HA!) VOCÊS DIZEM QUE ELA FOI CRIADA... QUANDO? A LUZ...

NO PRIMEIRO DIA. E ENTÃO?

ISSO! HA HA HA! E ELE NEM PERCEBE! PRIMEIRO A LUZ E DEPOIS O SOL!! RSRSRSRS! ME EXPLICA COMO CONSEGUEM TER LUZ DURANTE 3 DIAS SEM SOL! HA HA HA!

REALMENTE TEM QUE SER HEBREU PARA ESCREVER COISAS TÃO ABSURDAS!

MAIS UMA VEZ, COMO NINGUÉM TINHA COMO VERIFICAR, ESSA PERGUNTA FICOU NO AR POR MAIS DE MIL ANOS NA ÁREA FILOSÓFICA, ATÉ QUE...

Painel 1:
— ATÉ QUE OS ASTROFÍSICOS FIZESSEM UMA DESCOBERTA REVOLUCIONÁRIA: HAVIA LUZ NO UNIVERSO, BEM ANTES DO NOSSO SOL...
— LUZ!?!

Painel 2:
— EXISTE LUZ DESDE O COMEÇO DO NOSSO UNIVERSO, QUE CHAMAMOS O BIG BANG.
— OU SEJA, HÁ 13,7 BILHÕES DE ANOS.
— O NOSSO SOL TEM SÓ 4,5 BILHÕES DE ANOS, ELE É RECENTE.

Painel 3:
— O QUE SIGNIFICA QUE...
— QUE OS HEBREUS ESTAVAM CERTOS, MAIS UMA VEZ! ELES SÃO OS ÚNICOS NA HUMANIDADE INTEIRA A NOS DAR UMA NARRATIVA DA EVOLUÇÃO DO UNIVERSO QUE SEJA EXATA.
— ELES APENAS IGNORAM, PRATICAMENTE, A SUA IDADE E AS SUAS DIMENSÕES...
— É IMPOSSÍVEL!

Painel 4:
— ABSOLUTAMENTE IMPOSSÍVEL! OS HEBREUS NÃO SÃO NEM CIENTISTAS, NEM FILÓSOFOS, ELES SÓ TÊM CRENÇAS. ENTÃO NÃO TEM NADA CIENTÍFICO NA BÍBLIA DELES!
— NO ENTANTO, ELES ESCREVERAM COISAS QUE AS CIÊNCIAS PODEM VERIFICAR.

Painel 5:
— AS OUTRAS CIVILIZAÇÕES TAMBÉM DEIXARAM ESCRITOS. PODEMOS SABER O QUE ELES CONTARAM SOBRE A HISTÓRIA DO UNIVERSO...
— E QUANDO A GENTE COMPARA TUDO QUE FOI DITO SOBRE ESSE ASSUNTO QUE INTERESSA TODO MUNDO, O QUE CONSTATAMOS?

Painel 6:
— ...QUE OS ÚNICOS QUE NOS DERAM UMA DESCRIÇÃO **EXATA** DA HISTÓRIA DO UNIVERSO SÃO OS PROFETAS HEBREUS.
— ISSO É CONCORDISMO!!

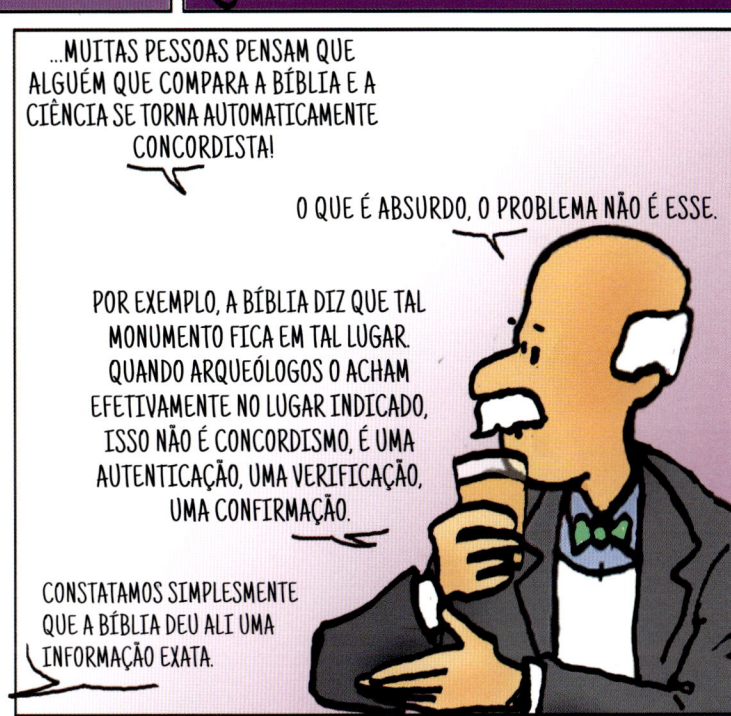

O convidado de Joyce Jogo-rápido
UM PROGRAMA QUE TRAZ PERGUNTAS ÀS SUAS RESPOSTAS...

PROFESSOR FREDERICO SONTENBATHO, O SENHOR PODE NOS EXPLICAR O QUE É O "CONCORDISMO"?

É MUITO SIMPLES: NO SÉC. XIX, ALGUNS CRISTÃOS interpretaram TRECHOS DA BÍBLIA PARA FAZÊ-LOS CONCORDAR OU COINCIDIR COM AS CIÊNCIAS DAQUELA ÉPOCA.

MAS AS CIÊNCIAS NÃO ESTAVAM MUITO AVANÇADAS E COMO ISSO NÃO FUNCIONAVA BEM, OS "CONCORDISTAS" FORAM RIDICULARIZADOS E A PALAVRA "CONCORDISTA" VIROU UMA ESPÉCIE DE INSULTO.

E TODO MUNDO PROMETEU *que nunca mais iria* RECOMEÇAR.

SE EU ENTENDI DIREITO, UMA PESSOA PODE SER ACUSADA DE SER "CONCORDISTA" OU DE FAZER "CONCORDISMO" QUANDO... ALGO NÃO CONCORDA!

SIM, É ISSO.

MAS O PROBLEMA É QUE DESDE ESSA TENTATIVA SEM SUCESSO DE OBSERVAR CORRESPONDÊNCIAS ENTRE A BÍBLIA E AS CIÊNCIAS...

...MUITAS PESSOAS PENSAM QUE ALGUÉM QUE COMPARA A BÍBLIA E A CIÊNCIA SE TORNA AUTOMATICAMENTE CONCORDISTA!

O QUE É ABSURDO, O PROBLEMA NÃO É ESSE.

POR EXEMPLO, A BÍBLIA DIZ QUE TAL MONUMENTO FICA EM TAL LUGAR. QUANDO ARQUEÓLOGOS O ACHAM EFETIVAMENTE NO LUGAR INDICADO, ISSO NÃO É CONCORDISMO, É UMA AUTENTICAÇÃO, UMA VERIFICAÇÃO, UMA CONFIRMAÇÃO.

CONSTATAMOS SIMPLESMENTE QUE A BÍBLIA DEU ALI UMA INFORMAÇÃO EXATA.

A BÍBLIA NOS FALA QUE O UNIVERSO NÃO É ETERNO, ELE TEM UM COMEÇO E TERÁ UM FIM, ELE FOI CRIADO POR ETAPAS, A LUZ EXISTIA DESDE O COMEÇO, BEM ANTES DO NOSSO SOL, O HOMEM APARECEU POR ÚLTIMO NA TERRA, ELE TEM ALGO A MAIS DO QUE OS ANIMAIS: UM "ESPÍRITO", ELE TEVE ACESSO À CONSCIÊNCIA REFLEXIVA...

ATÉ MEADOS DO SÉC. XX, NINGUÉM PODIA VERIFICAR SE A BÍBLIA DAVA INFORMAÇÕES EXATAS SOBRE ESSAS QUESTÕES...

HOJE EM DIA, SABEMOS QUE SIM.

ISSO NÃO É UMA PROVA DA EXISTÊNCIA DE DEUS, MAS SERIA UMA PENA NEGLIGENCIAR INDÍCIOS...

CAPÍTULO 7

... INDÍCIOS QUE MOSTRAM QUE A NARRATIVA DA BÍBLIA NOS DESCREVE A HISTÓRIA DO UNIVERSO REAL. O QUE NENHUMA OUTRA TRADIÇÃO CONSEGUIU FAZER.

SOMENTE O FILÓSOFO PLATÃO PARECE CONSIDERAR, COMO OS HEBREUS, UMA ESPÉCIE DE EVOLUÇÃO! MAS É UMA EVOLUÇÃO CONTRÁRIO: UMA INVOLUÇÃO. EM PRIMEIRO LUGAR FOI CRIAD UM HOMEM ESPIRITUAL CUJA QUEDA ORIGINAL NA MATÉRIA CAUSA DO MAL. É O CONTRÁRIO DA NARRATIVA DOS HEBREUS.

AQUI ESTÁ O QUE PLATÃO ESCREVEU NO TIMEU (91D-92C):

"Quanto à raça das aves que portam penas em vez de pelos, ela surge após uma pequena modificação, desses homens desprovidos de maldade, mas leves, que cuidam das aparências celestiais..."

Platão e o mito da qued original

"A espécie dos animais terrestres e das feras selvagens foi formada a partir daqueles que não usam de filosofia...

Sob o efeito dos seus hábitos, os seus membros anteriores e suas cabeças se inclinaram pela terra, atraídos pelas suas afinidades com ela...

O crânio deles se esticou e várias formas diferentes surgiram...

E assim esse tipo de seres nasceu com quatro patas..."

"Quanto aos mais imbecis entre eles, os que deitaram inteiramente no chão o corpo todo...

HA HA HA! É EXATAMENTE O SEU CASO!

...como os pés não tinham mais nenhuma utilidade, os deuses os fizeram nascer desprovidos de pés e rastejando no chão."

OLHA PARA VOCÊ, CARA!

DEPOIS DOS IMBECIS, OS IGNORANTES!! NA SUA OPINIÃO, ELES EVOLUEM COMO, SEGUNDO PLATÃO?

"Enfim, a quarta espécie, a espécie aquática, nasceu a partir dos mais tolos e dos mais ignorantes de todos...

Assim nasceu a população dos peixes e de todos os mariscos que vivem nas águas..."

"E é assim que naquele tempo e ainda hoje os seres vivos se transmutam uns nos outros, se metamorfoseando conforme ganham em inteligência ou estupidez."

NÃO SEI SE ELE ACREDITAVA NISSO DE VERDADE, MAS A EVOLUÇÃO REGRESSIVA É REPRESENTATIVA DO PENSAMENTO PROFUNDO DE PLATÃO E DA SUA ESCOLA!

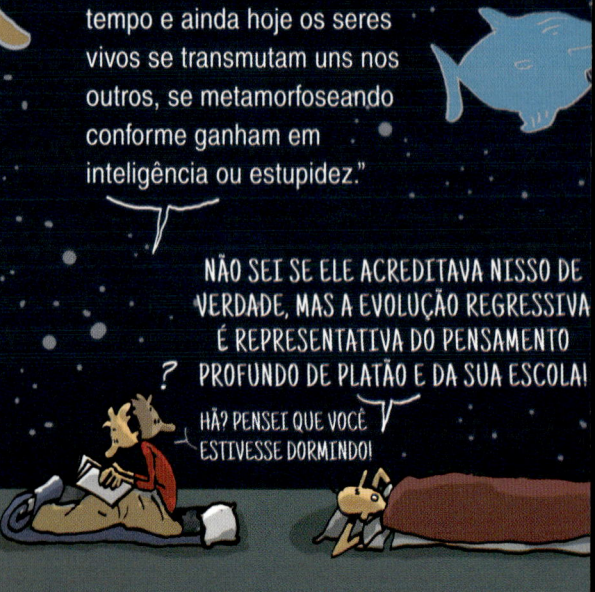

HÃ? PENSEI QUE VOCÊ ESTIVESSE DORMINDO!

PARA PLATÃO, NÃO EXISTE NENHUMA IDEIA DE CRIAÇÃO. ELE EXPLICA A MULTIPLICIDADE DOS SERES COMO UMA "EMANAÇÃO" A PARTIR DA SUA DIVINDADE.

UMA EMANAÇÃO? O QUE É ISSO?

POR EXEMPLO: O CALOR "EMANA" DO SOL, MAS MENOS QUENTE. HÁ SEMPRE UMA DEGRADAÇÃO, CADA VEZ QUE SE DISTANCIA DA FONTE.

PLATÃO ESCOLHEU A GRANDE CORRENTE ESPIRITUALISTA (P. 38). PARA ELE, A ALMA É UMA PARCELA DIVINA QUE CAIU NA SEQUÊNCIA DE UMA TRAGÉDIA: ELA CAIU NA *matéria*.

SEGUNDO PLATÃO, O CORPO É UMA PRISÃO PARA A ALMA.

ATÉ PIOR: UM TÚMULO.

(SOMA-SÉMA = CORPO-TÚMULO, TROCADILHO GREGO).

PARA PLATÃO E AS GNOSES, A *matéria* É O QUE TEM DE PIOR: É O ÚLTIMO GRAU DA DECADÊNCIA. O CULMINAR DESSA REGRESSÃO É A HISTÓRIA DO UNIVERSO.

VOCÊ NOTARÁ QUE É EXATAMENTE O CONTRÁRIO DA VERDADEIRA HISTÓRIA DO UNIVERSO DE 13,7 BILHÕES DE ANOS PARA CÁ.

A MATÉRIA NÃO VEM POR ÚLTIMO, MAS EM PRIMEIRO LUGAR, TANTO NA REALIDADE QUANTO NA BÍBLIA...

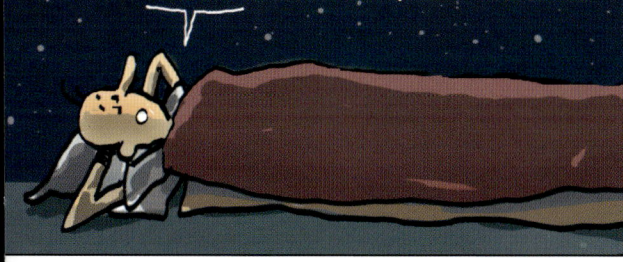

...E, NA BÍBLIA, A *matéria* NÃO É MÁ, COMO NO PLATONISMO E EM VÁRIAS TRADIÇÕES DA ANTIGUIDADE, PARA QUEM ELA É O PRINCÍPIO DO MAL... NA BÍBLIA, A MATÉRIA É BOA.

CONFUNDIMOS FREQUENTEMENTE O "TOHU-BOHU" BÍBLICO COM O CAOS ORIGINAL NÃO CRIADO (DOS ATOMISTAS), MAS TOHOU VA BOHOU SE TRADUZ POR "DESERTO-VAZIO": NADA A VER COM UM CAOS PREEXISTENTE. A *matéria* É CRIADA E ELA NÃO É MÁ. ISSO CORRESPONDE AO UNIVERSO REAL.

DÁ PARA VER QUE OS PROFETAS CONHECIAM OS MITOS DAS RELIGIÕES VIZINHAS, BABILÔNIA, CANAÃ, EGITO, E ELES CORRIGIRAM ESSES MITOS...

NO PRIMEIRO "DIA", A DEUSA TIÂMAT PERDE A SUA PERSONALIDADE E SE TORNA O OCEANO PRIMORDIAL (TEHÔM).

NO SEGUNDO "DIA", O EDIFÍCIO INTELECTUAL DAS 10 ESFERAS DA ASTRONOMIA BABILÔNICA DESABA, PARA DAR LUGAR AO "FIRMAMENTO" CRIADO.

O 4° "DIA", OS ASTROS DIVINIZADOS SE TORNAM SIMPLES LAMPADÁRIOS SEM NOME, A FIM DE EVITAR ASTROLATRIA E ASTROLOGIA.

NÃO TEM MAIS NENHUM VESTÍGIO DE MAGIA: TUDO É CRIADO POR UMA INFORMAÇÃO CRIADORA, UMA MENSAGEM, A PALAVRA DO DEUS ÚNICO.

O NÚMERO DE INDÍCIOS ADVOGA SERIAMENTE A FAVOR DE UMA INTELIGÊNCIA CRIADORA, UM SER ABSOLUTO QUE NÃO SAIU DO NADA, E QUE PARECE MESMO SER O DEUS DOS HEBREUS E DEPOIS DOS CRISTÃOS.

UMA CRIAÇÃO POR ETAPAS QUE FOI CONFIRMADA PELAS DESCOBERTAS DAS CIÊNCIAS.

A QUESTÃO É:

POR QUE UMA CRIAÇÃO POR ETAPAS?

NO INÍCIO (DO NOSSO UNIVERSO), TINHA A INFORMAÇÃO CRIADORA, E TUDO FOI CRIADO POR COMUNICAÇÃO DE INFORMAÇÃO...

AS CIÊNCIAS NOS ENSINAM QUE, NO UNIVERSO, TUDO É LUZ E INFORMAÇÃO.

p. 40, Mendeleïev

O QUE NÓS CHAMAMOS DE MATÉRIA, SÃO COMPOSIÇÕES FEITAS COM LUZ E INFORMAÇÃO.

PRIMEIRA ETAPA.
CRIAÇÃO-EVOLUÇÃO DA **matéria**:
GÊNESE DOS ÁTOMOS, DO MAIS SIMPLES AO MAIS COMPLEXO: UMA CENTENA DE TIPOS DE ÁTOMOS.

DEPOIS, UMA OUTRA EVOLUÇÃO SUBSTITUI ESTA...

2ª EVOLUÇÃO-CRIAÇÃO: A DAS MOLÉCULAS, DAS MAIS SIMPLES ÀS MAIS COMPLEXAS: MACRO-MOLÉCULAS, DEPOIS MOLÉCULAS GIGANTES.

LOGO QUE SÃO CRIADAS AS 4 MOLÉCULAS GIGANTES, QUE SERÃO AS "LETRAS" DAS MENSAGENS GENÉTICAS DO DNA, É O FIM DA EVOLUÇÃO DAS MOLÉCULAS...

e UMA 3ª EVOLUÇÃO-CRIAÇÃO COMEÇA: A DOS SERES VIVOS. ELA TAMBÉM VAI DO MAIS SIMPLES AO MAIS COMPLEXO.

PODEMOS ENTENDER QUE ESSAS ETAPAS SEJAM NECESSÁRIAS EM RAZÃO DA CRIAÇÃO EM SI MESMA.

CADA ETAPA PRECISA ESTAR ESTABILIZADA E REFORÇADA ANTES DE SE CONSIDERAR A ETAPA SEGUINTE.

NA HIPÓTESE DE UM CRIADOR, ENTENDE-SE QUE ELE NÃO TENHA RECOMEÇADO CADA VEZ DO ZERO (DA MATÉRIA INERTE).

COMO FARÃO OS NOSSOS INVENTORES, ELE MELHORA A PARTIR DO QUE ELE JÁ CRIOU, ESSE MÉTODO É BEM MAIS INTELIGENTE.

DEPOIS VEM A CRIAÇÃO DO HOMEM (O *ADAM*).[1]
COMO BEM ENTENDEU SÃO PAULO:
ELE É "*terrestre, animal, homem velho*".
O *ADAM* ESPIRITUAL, À SEMELHANÇA DE DEUS, NÃO FICA ATRÁS DE NÓS, MAS À NOSSA FRENTE.
ESSE *homem novo* É "YESHUA HA-MASCHIAH"[2].

NUM UNIVERSO INACABADO,
"*o Homem é um fato inacabado*",
COMO O ENTENDEU SANTO IRENEU DE LYON.

MAS AO CONTRÁRIO DOS OUTROS DEUSES APRESENTADOS PELAS SUAS TRADIÇÕES COMO "FABRICANTES" A PARTIR DE UMA MATÉRIA PREEXISTE (ÁTOMOS DO CAOS, OU SANGUE DE UM DEUS OU SUBSTÂNCIA DIVINA), O DEUS DA BÍBLIA É CRIADOR A PARTIR DE NADA, E ELE CRIA DO INTERI A PARTIR DE UMA INFORMAÇÃO, UMA MENSAGEM, UMA PALAVRA.

O QUE É COERENTE COM O QUE NÓS OBSERVAMOS NO UNIVERSO REAL, ONDE TUDO É FEITO POR COMUNICAÇÃO DE INFORMAÇÃO.

À DIFERENÇA DE TODOS OS DEUSES DE TODAS AS RELIGIÕES, SEGUNDO AS SUAS TRADIÇÕES, A BÍBLIA DIZ QUE DEUS CRIA NÃO POR NECESSIDADE, MAS PARA O SEU PRÓPRIO PRAZER,

NÃO PARA QUE OS HOMENS SEJAM OS SEU SERVOS NEM PARA SATISFAZER UMA NECESSIDADE: A BÍBLIA DIZ QUE ELE CRIA ...GRATUITAMENTE.

É ESSA PURA GRATUIDADE QUE JÁ PERMITE DI QUE ESSE CRIADOR É "ÁGAPE" = AMOR, EM GREC

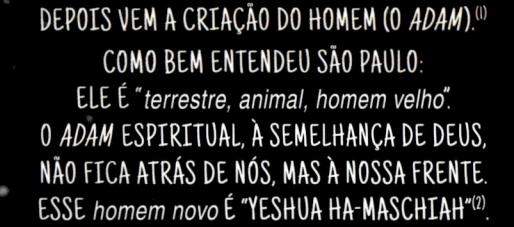

(1) O *ADAM* (ADÃO): COM O ARTIGO HEBRAICO,
HA-ADAM = O HOMEM, O HUMANO;
NÃO É UM PRIMEIRO NOME.

(2) YESHUA HA-MASCHIAH = Jesus, o messias, EM HEBRAICO TRANSLITERADO;
Messias = o homem que recebeu a unção = EM GREGO: Cristo.
YESHUA HA-MASCHIAH = *Jesus, o homem que recebeu a unção.*

ARISTÓTELES TINHA RAZÃO: É BEM MAIS RACIONAL ACHAR QUE O UNIVERSO E O HOMEM FORAM CRIADOS POR UMA INTELIGÊNCIA DO QUE ADOTAR A CRENÇA BASEADA SOMENTE NO ACASO. A MENSAGEM GENÉTICA NOS CONFIRMA ISSO.

PODEMOS CONHECER PARCIALMENTE ESSA INTELIGÊNCIA CRIADORA AO DESCOBRIR SUA OBRA, DO MESMO MODO QUE NÓS CONHECEMOS PARCIALMENTE REMBRANDT, BACH E SHAKESPEARE PELAS SUAS OBRAS.

ASSIM SABEMOS QUE ESSE CRIADOR REALIZA UMA OBRA POR ETAPAS: UM UNIVERSO PROVISÓRIO QUE NÃO É INFINITO, MAS QUE SE DILATA NUMA EXPANSÃO GIGANTESCA JÁ FAZ 13,7 BILHÕES DE ANOS. O TEMPO MEDE ESSA CRIAÇÃO.

CONSTATAMOS QUE ELE CRIOU DUAS NOVIDADES INESPERADAS:
- A VIDA
- O PENSAMENTO

E TODA CRIAÇÃO DE INOVAÇÕES SE FAZ POR COMUNICAÇÃO DE INFORMAÇÃO.

TEMOS A POSSIBILIDADE DE CONHECER MELHOR ESSE CRIADOR? (PERGUNTA - P. 29)

PARECE QUE NÃO. A NÃO SER QUE ELE TIVESSE A INTENÇÃO DE NOS COMUNICAR INFORMAÇÕES...

UMA INVESTIGAÇÃO SOBRE A HISTÓRIA DA HUMANIDADE, GRAÇAS AOS ESCRITOS CONSERVADOS DESDE A ANTIGUIDADE, NOS REVELA QUE EM AO MENOS UM LUGAR ESSE CRIADOR DESEJOU NOS DIZER ALGO DELE MESMO.

PORQUE, COM A APARIÇÃO DO HOMEM, A CRIAÇÃO-EVOLUÇÃO ATINGIU UMA NOVA ETAPA.

A INFORMAÇÃO NÃO É MAIS TRANSMITIDA UNICAMENTE PELAS MENSAGENS GENÉTICAS: ELA SE DIRIGE DORAVANTE À INTELIGÊNCIA DO HOMEM E À SUA LIBERDADE: SEU "ESPÍRITO".

NINGUÉM SABE COMO ESSA INFORMAÇÃO É COMUNICADA AOS GENES PARA CRIAR NOVAS ESPÉCIES, MAS SABEMOS COMO A INFORMAÇÃO É COMUNICADA AO PROFETA, PORQUE ELE NOS DIZ:

"A PALAVRA DO SENHOR FOI-ME DIRIGIDA NESTES TERMOS: FILHO DO HOMEM, DIRIGE-TE AOS TEUS E DIZE-LHES..." (EZ 33,1)

PODEMOS PENSAR QUE OS PROFETAS ESTABELECEM UMA NOVA ETAPA DA HISTÓRIA DA CRIAÇÃO, QUE CONTINUA. (ELA AINDA NÃO ACABOU...)

POR SEU ENSINAMENTO O POVO HEBREU SE TORNOU MAIS HUMANO.

ANTES DE TODOS OS OUTROS, ESSE POVO TEVE A CORAGEM DE PROIBIR DUAS PRÁTICAS DESUMANAS: OS SACRIFÍCIOS HUMANOS E A ESCRAVIDÃO.

MAS AINDA TEM TRABALHO!

EPÍLOGO

UM MÊS DEPOIS...

É isso, Marine, você sabe tanto quanto eu sobre a Evolução-Criação.

Nossa, Tom, isso traz muitos indícios novos para sua pesquisa!

Essa encrenca no início suscitou progressos na pesquisa em áreas realmente diversas: científica, filosófica, teológica.

Esse obstáculo as fez evoluir!

Uma Criação que continua com a nossa participação ativa e criativa... é muito emocionante!

Mas você sabe, Tom, eu me questiono sobre um outro osso muito famoso...

Aquele osso que Deus teria tirado do Adão para criar Eva...

Uma costela!!

Seria bom continuar a investigação nessa direção...

Por exemplo, eu me pergunto como podemos ler essa narrativa de Adão e Eva, considerando a verdadeira História do Universo, que agora nós conhecemos bem melhor do que antes.

Estudando melhor a questão da aparição da vida, a questão da alma, a grande questão do mal e do sofrimento.

E, claro, considerando tudo o que você acabou de descobrir e através dessa nova perspectiva de uma Criação-evolução inacabada...

É engraçado constatar que esse osso, primeiro considerado um problema onipresente, se tornou uma passarela entre **CRIAÇÃO E EVOLUÇÃO!**

Então, nos vemos no próximo volume.

Edições Loyola

impressão acabamento

Rua 1822 nº 341 – Ipiranga
04216-000 São Paulo, SP
T 55 11 3385 8500/8501, 2063 4275
www.loyola.com.br